"十四五"普通高等教育本科部委级规划教材

普通高等学校生物制药产教融合系列教材

人工智能与智慧制药

Rengong Zhineng Yu
Zhihui Zhiyao

孙先宇　何卫刚　王颖◎主编

U0241577

中国纺织出版社有限公司

图书在版编目（CIP）数据

人工智能与智慧制药／孙先宇，何卫刚，王颖主编
.--北京：中国纺织出版社有限公司，2023.11
"十四五"普通高等教育本科部委级规划教材
ISBN 978-7-5229-0961-5

Ⅰ.①人…　Ⅱ.①孙…②何…③王…　Ⅲ.①人工智
能－应用－制药工业－高等学校－教材　Ⅳ.①TQ46-39

中国国家版本馆 CIP 数据核字（2023）第 241134 号

责任编辑：金　鑫　闫　婷　责任校对：江思飞
责任印制：王艳丽

中国纺织出版社有限公司出版发行
地址：北京市朝阳区百子湾东里 A407 号楼　邮政编码：100124
销售电话：010—67004422　传真：010—87155801
http：//www. c-textilep. com
中国纺织出版社天猫旗舰店
官方微博 http：//weibo. com/2119887771
三河市宏盛印务有限公司印刷　各地新华书店经销
2023 年 11 月第 1 版第 1 次印刷
开本：787×1092　1/16　印张：10.5
字数：195 千字　定价：49.80 元

普通高等学校生物制药产教融合系列教材
编委会成员

主　任　　冀　宏　常熟理工学院
　　　　　李　智　智享生物（苏州）有限公司
副主任　　滕小锆　苏州沃美生物有限公司
　　　　　张　扬　常熟理工学院
　　　　　陈梦玲　常熟理工学院
成　员（按姓氏笔画排序）
　　　　　王德朋　苏州百因诺生物科技有限公司
　　　　　邢广良　常熟理工学院
　　　　　许静远　常熟理工学院
　　　　　孙先宇　常熟理工学院
　　　　　孙海燕　常熟理工学院
　　　　　李　杰　常熟理工学院
　　　　　李　智　智享生物（苏州）有限公司
　　　　　杨志刚　常熟理工学院
　　　　　吴凌天　常熟理工学院
　　　　　何卫刚　常熟理工学院
　　　　　张　扬　常熟理工学院
　　　　　陈梦玲　常熟理工学院
　　　　　郁建峰　常熟理工学院
　　　　　罗　兵　常熟理工学院
　　　　　季万兰　江苏梁丰食品集团有限公司
　　　　　周元元　常熟理工学院
　　　　　郑茂强　常熟理工学院
　　　　　赵晓剑　苏州百因诺生物科技有限公司
　　　　　俞丽莎　常熟理工学院
　　　　　顾志良　常熟理工学院
　　　　　徐　璐　常熟理工学院
　　　　　郭凌媛　常熟理工学院
　　　　　诸葛鑫　智享生物（苏州）有限公司
　　　　　黄　娟　常熟理工学院
　　　　　黄维民　苏州市华测检测技术有限公司
　　　　　滕小锆　苏州沃美生物有限公司
　　　　　薛依婷　常熟理工学院
　　　　　冀　宏　常熟理工学院

《人工智能与智慧制药》编委会

前　言

　　药物的发现和设计包括漫长而复杂的步骤，如靶点选择和验证、先导化合物优化、临床前试验和临床试验以及生产实践。在过去的几十年里，药物化学家和生物科学家致力于以最大的效率开发靶向治疗药物。创新药物研究的成本和时间消耗是药物设计和开发过程中的巨大障碍。为了最大限度地克服这些挑战和障碍，全球研究人员越来越多地借助虚拟筛选和分子对接等计算方法，大大提高先导物的筛选效率，但这些技术也伴随诸如不准确性和效率仍不理想等问题。

　　人工智能的兴起和不断完善，包括深度学习和机器学习算法，尤其是其在药物研究领域的应用已经成为一种可能的解决方案。相较传统方式，它能以简单科学的方式解决现实问题，克服药物设计和发现过程中的问题和障碍。新技术的实现，足以消除传统计算方法中遇到的挑战，在一定程度上减少了药物研究过程的时间消耗和成本。生物和化学科学家将人工智能算法广泛应用于药物设计和发现过程中。基于人工智能和机器学习原理的计算建模为化合物的识别和验证、靶标识别、肽合成、药物毒性和理化性质评估、药物监测、药物疗效和有效性以及药物重新定位提供了一条很好的途径。随着人工智能原理以及机器学习和深度学习算法的出现，来自化学文库的化合物虚拟筛选（包括超过1亿种化合物）变得简单且高效。此外，人工智能模型消除了由于靶标相互作用而产生的毒性问题。

　　为了更好地介绍人工智能在药物研究各领域的应用及相关技术，我们组织编写了此书。本书积极响应党的二十大精神，简要讨论了人工智能从机器学习到深度学习的演变，以及大数据参与药物发现过程的革命性变化。全书分为7章。第1章概述了人工智能的起源和发展，重点论述了经典机器学习方法和最新机器学习方法；第2章论述了人工智能在蛋白质结构方向中的应用，包括蛋白质活性及毒性预测，以及蛋白质与蛋白质间的相互作用；第3章主要论述了人工智能在药物筛选过程中，对化合物成药性相关的物理、化学性质的预测，以及结构与活性关系预测；第4章主要论述了人工智能在改进传统药物发现过程方面的应用，如　次和二次筛选、药物毒性、药物释放和监测、药物剂量的有效性、药物重新定位和多药效以及药物-靶标相互作用；第5章从联合治疗、评估药物反应及药物-药物相互作用等方面，介绍了人工智能在药物治疗方面的应用。第6章论述了多组学数据和生物网络，介绍了药物代谢和药效相关基因，并给出人工智能的药物基因识别方法和应用实践。第7章主要介绍了制药工业智能制造的系统构架，人工智能在药物生产过程中的应用场景，以及我国制药行业智能制造的发展现状。

本书由常熟理工学院生物与食品工程学院孙先宇、何卫刚，常熟理工学院计算机学院王颖共同编写。其中第 1 章、第 2 章由孙先宇编写，第 3 章由何卫刚编写，第 4 章、第 5 章、第 6 章由王颖编写，第 7 章由上海药坦研究开发有限公司郭利军编写。

由于人工智能技术涉及广泛且发展迅速，加之编者视野及水平限制，书中难免存在疏漏和不足，敬请广大读者批评指正。

编者

2023 年 9 月

目　　录

本书PPT

第1章

人工智能

人工智能作为新一代数字技术的典型代表，逐渐从专业领域走向实际应用。在日常生活领域，人类围棋冠军被电脑击败，智能手机利用了面部识别算法，自动驾驶汽车在街道上行驶；在医学领域，食品和药物管理局已经允许临床医生在不同的医疗领域使用人工智能，如人工智能现在可以常规检测糖尿病视网膜病变，而不需要眼科医生来确认该算法的诊断结果。

作为新一轮产业变革的核心驱动力，人工智能将催生新的技术、产品、产业、业态、模式，从而引发经济结构的重大变革，实现社会生产力的整体提升。当前，人工智能发展进入了新阶段，涉及数学、神经生理学、计算机科学、信息控制论、生物学、语言学、心理学等多门学科，是研究、开发用于模拟、延伸和扩展人的智能的理论、方法、技术及应用系统的一门新的交叉性、边缘性学科。人工智能的研究内容包括知识表示和知识图谱、自动推理、专家系统、群智能算法等，目标是使机器能完成一些原来只有人类才能完成的复杂性工作（图1-1）。

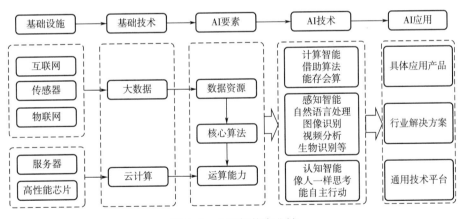

图1-1 人工智能产业链

人工智能是一个总括术语，指计算机程序能够像人类一样思考和执行行为，而机器学习则超越了将数据与决策树、隐马尔可夫模型等算法一起输入机器的范畴，这有助于机器在不被明确编程的情况下进行学习。一些人将机器学习描述为主要的人工智能应用程序，而另一些人则描述为人工智能的一个子集。后来，随着神经网络的发展，机器可以像人脑一样对输入的数据进行分类和组织，这进一步促进了人工智能的进步。20世纪前后，出现了"深度学习"一词。深度学习是机器学习的子集，机器学习本身就是人工智能的子集，因此，它们之间的关系类似于人工智能>机器学习>深度学习。

机器学习要么使用监督学习，其中模型被训练为使用标记数据，这意味着输入已经被相应的优选输出标签标记，要么使用无监督学习，在其中模型被培训为使用未标记数据，但从输入数据中寻找重复模式。另外还有使用监督和非监督学习相结合的半监督学习；自监督学习是一种特殊情况，它采用两步过程，即无监督学习为未标记的数据生成标签，其最终目标是建立监督学习模型；强化学习是一种机器学习，它在恒定反馈回路的帮助下随着时间的推移改进了算法。最后是深度学习，其中有许多层机器学习算法，被称为模仿人脑的受大脑启发的算法家族，但需要高计算能力才能进行训练和大数据分析。

机器学习的起源可以追溯到 1943 年，当时 McCulloch 和 Pitts 发表了一篇题为《神经活动中固有思想的逻辑演算》的文章，他们在文章中给出了有史以来第一个神经网络的数学模型。Alan M. Turing 在 1950 年发表的开创性论文中对机器学习的概念进行了理论化。1952 年，Arthur L. Samuel 为 IBM 编写了一个棋盘游戏程序，推广了"机器学习"一词。1957 年，Frank Rosenblatt 开发了用于图像识别的感知器。Henry J. Kelley 于 1960 年开发了连续反向传播模型，Stuart Dreyfus 于 1962 年开发了一个仅基于链式规则的更简单版本。1965 年，Ivakhnenko 和 Lapa 开发了第一个可工作的深度学习网络。1980 年左右，福岛邦彦开发了一种名为新认知机的人工神经网络，该网络具有多层设计，可以帮助计算机学习如何识别视觉模式，他还开发了基于动物视觉皮层组织的卷积神经网络。

1.1　人工智能概述

人工智能，最早由约翰·麦卡锡在 1956 年的达特茅斯会议上提出，用来描述"制造智能机器的科学和工程"。麦卡锡最初的描述今天仍然成立，但细节上有了丰富的扩展。简单地说，人工智能可以被看作是对计算的研究，它使感知、推理和行为预测成为可能。人工智能本身可以被用来执行各种任务，但另一种用途是利用人工智能算法来增强人类智能，而不是取代它，这个概念被称为增强智能。

斯坦福大学的尼尔斯教授认为："人工智能致力于使机器智能化，智能化是衡量实体在一定环境中反应和判断的定量值。"麻省理工学院的温斯顿教授认为："人工智能是研究如何使计算机去做只有人类才能做的智能工作。"这些说法反映了人工智能学科的基本思想和基本内容，即人工智能是研究人类智能活动的规律，构造具有一定智能的机器系统，最终让计算机完成人类大脑才能胜任的工作。总地说来，人工智能是研究、开发用于模拟、延伸和扩展人的智能理论、方法、技术及应用系统的一门科学。

人工智能的探索道路充满曲折和起伏，发展并非一帆风顺，经历了 20 世纪中期的人工智能浪潮期，也经历了 20 世纪七八十年代的沉寂期，最终在 21 世纪初迎来了发展黄金期。随着大数据、云计算、物联网等信息技术的发展，泛在感知数据和图形处理器等计算平台推动人工智能技术飞速发展，大幅跨越了科学与应用之间的鸿沟。人工智能自 1956 年以来的发展历程，大至可以分为以下 6 个阶段（图 1-2）。

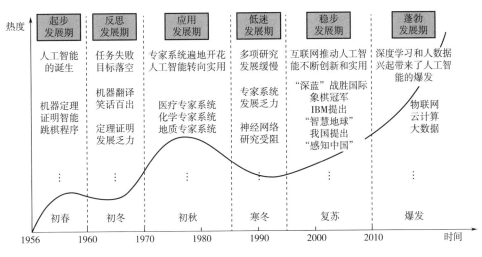

图 1-2　人工智能的发展历程

（1）起步发展期：1956—20 世纪 60 年代初。

达特茅斯会议确立了人工智能这一术语，之后又陆续出现了如跳棋程序、感知神经网络软件和聊天软件等，并且人们用机器证明的办法去证明和推理一些定理，相继取得了一批令人瞩目的研究成果，掀起人工智能发展的第一个高潮。

（2）反思发展期：20 世纪 60—70 年代初。

人工智能发展初期的突破性进展大大提升了人们对人工智能的期望，人们开始尝试更具挑战性的任务，并提出了一些不切实际的研发目标。然而，接二连三的失败和预期目标的落空（例如，无法用机器证明两个连续函数之和还是连续函数，机器翻译闹出笑话等），使人工智能的发展走入低谷，人工智能进入第一次寒冬。

（3）应用发展期：20 世纪 70 年代初—80 年代中期。

20 世纪 70 年代出现的系统模拟人类专家的知识和经验解决特定领域的问题，实现了人工智能从理论研究走向实际应用、从一般推理策略探讨转向专门知识运用的重大突破。人工智能在医疗、化学、地质等领域取得的成功，推动人工智能进入应用发展的新高潮。

（4）低迷发展期：20 世纪 80 年代中—90 年代中期。

随着人工智能的应用规模不断扩大，专家系统存在的应用领域狭窄、缺乏常识性知识、知识获取困难、推理方法单一、缺乏分布式功能、难以与现有数据库兼容等问题逐渐暴露出来，人工智能进入第二次寒冬。

（5）稳步发展期：20世纪90年代—2010年。

网络技术特别是互联网技术的发展，加速了人工智能的创新研究，促使人工智能技术进一步走向实用化。1997年，国际商业机器公司（IBM）"深蓝"超级计算机战胜了国际象棋世界冠军卡斯帕罗夫；2002年，iRobot公司打造出全球首款家用自动扫地机器人；2006年出现深度学习技术；2008年IBM提出"智慧地球"的概念，与此同时，Siri、Alexa、Cortana等语音识别应用在智能手机上得到应用，以上都是这一时期的标志性事件。

（6）蓬勃发展期：2010年以来。

随着大数据、云计算、互联网、物联网等信息技术的发展，泛在感知数据和图形处理器等计算平台推动以深度神经网络为代表的人工智能技术的飞速发展，大幅跨越了科学与应用之间的"技术鸿沟"，诸如图像分类、语音识别、知识问答、人机对弈、无人驾驶等人工智能技术实现了从"不能用、不好用"到"可以用"的技术突破。同时，这一轮人工智能发展的影响已经不局限于学界，政府、企业、非营利机构都开始拥抱人工智能技术。人们身处的第三次人工智能浪潮仅仅是一个开始，人工智能的高速发展将揭开一个新时代的帷幕，迎来爆发式增长的蓬勃发展期。

作为一个多学科领域，人工智能涉及来自不同学科的知识，如计算机科学、数学、心理学、语言学、哲学、神经科学、人工心理学和许多其他领域。这些领域的知识和工程进步，帮助人工智能从纯理论研究发展到解决我们生活各个方面问题的智能系统。

1.2　机器学习

从20世纪50年代提出机器学习，到今天多媒体、图形学、网络通信、软件工程乃至体系结构芯片设计，都能找到机器学习技术的身影。机器学习已经成为最重要的技术进步源泉之一。为了使读者对机器学习有一个初步的了解，本节将对机器学习的发展历程和相关基础概念、范畴进行说明，使读者对机器学习有一个基本的认识。

人工智能的一个主要分支被称为机器学习（图1-3）。机器学习可以被定义为一组能够从经验中学习和改进的算法，而无须为特定的任务进行显式的编程。这一特性使机器学习本质上不同与经典的计算方法。机器学习与其他类型的计算机编程的不同之处在于，它使用统计、数据驱动的规则将算法的输入转换为输出，这些规则是从大量示例中自动派生的，而不是由人类明确指定的（图1-4、图1-5）。

图 1-3　机器学习与相关学科

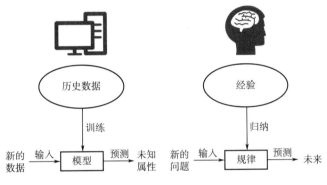

图 1-4　机器学习与人类学习对比

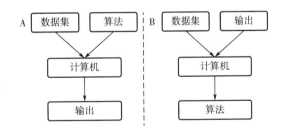

图 1-5　经典编程与机器学习模式

　　机器学习算法的流行是随机森林、支持向量机、人工神经网络和深度学习的发展而来的。由于人工神经网络和深度学习在医药人工智能中占主导地位，本节将更详细地讨论它们。

　　机器学习是人工智能发展到一定时期的必然产物。在 20 世纪 50—70 年代初，人工智能的研究处于"推理期"，那时的人们以为只要赋予机器逻辑推理能力，机器就能具有智能。然而随着研究的发展，人们逐渐认识到仅仅具有逻辑推理能力是无法实现人工智能的。E. A. Feigenbaum 等人认为，要使机器学习具有人工智能，就必须设法使机器具有知识。在他们的倡导下，从 20 世纪 70 年代中期开始，人工智能的研究进入"知识期"。在这一时期，大量专家系统问世，在很多应用领域取得了大量的成果。但人们也意识到专家系统面临"知识工程瓶颈"，也就是说，人们把知识总结出来交给计算机是相当困难的。于是，一些学者想到让机器自己去学习知识。

20 世纪 80 年代，从样例中学习的一大主流是符号主义学习，其代表包括决策树和基于逻辑的学习。典型的决策树学习以信息论为基础，以信息熵的最小化为目标，直接模拟了人类对概念进行判定的树形流程。而基于逻辑的学习，其著名代表是归纳逻辑程序设计，可以看作机器学习与逻辑程序设计的交叉。这两种方法各有特点，决策树简单易用，直至今天仍然是机器学习常用技术之一。基于逻辑的学习具有很强的知识表达能力，可以较容易地表达出复杂数据关系。在 20 世纪 90 年代中期之前，"从样例中学习"的另一主流技术是基于神经网络的连接主义学习。连接主义学习在 20 世纪 50 年代取得了很大发展，但因为早期人工智能的研究者对符号表示特别偏爱，而且连接主义自身也遇到了很大的障碍，当时的神经网络只能处理线性问题，甚至都处理不了"异或"这种简单问题。直到 J. J. Hopfield 利用神经网络求解"流动推销员问题"这个著名的 NP 难题取得重大进展，才使连接主义重新受到人们的关注。1986 年，D. E. Rumelhart 等人发明了著名的 BP 算法，产生了深远的影响，使连接主义的发展突飞猛进。而且 BP 算法一直是应用最为广泛的机器学习算法之一。

20 世纪 90 年代中期，"统计学习"闪亮登场并迅速占领"从样例中学习"的主流舞台，其代表性技术是支持向量机。其实这方面的研究早在 20 世纪 60—70 年代就已经开始，统计学习理论在那时就已经打下了基础，但直至 20 世纪 90 年代才成为机器学习的主流技术。一方面是因为有效的支持向量机算法在 20 世纪 90 年代初才被提出，并且其优越的性能在 20 世纪 90 年代中期文本分类的应用中才得以显现；另一方面，正是在连接主义学习技术的局限性凸显之后，人们才把目光转向以统计学习理论为直接支撑的统计学习技术。在支持向量机被普遍接受后，该技巧被人们利用到机器学习的每个角落，该方法也成为机器学习的基本内容之一。

21 世纪初期，随着社会进入大数据时代，数据量和计算设备的发展使连接主义技术焕发出新的生机，掀起了以"深度学习"为名的热潮。所谓的深度学习，狭义地说就是很多层神经网络。在涉及语音、图像等复杂对象的应用中，深度学习技术具有优越的性能。虽然深度学习模型复杂度高，参数较多，但如果下功夫"调参"，把参数调节好，其性能往往较好。因此，深度学习虽然缺乏严格的理论基础，但是显著降低了机器学习应用者的门槛，为机器学习走向工程实践带来诸多便利。

机器学习是现阶段实现人工智能应用的主要手段和方法，在人工智能体系中处于基础与核心的地位，它被广泛地应用于计算机视觉、语音识别、自然语言处理、数据挖掘等领域（图 1-6）。

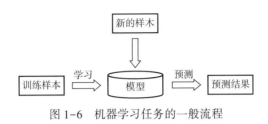

图 1-6　机器学习任务的一般流程

机器学习策略可以广泛地分为无监督学习和监督学习。无监督学习的重点是发现数据集中变量之间的潜在结构或关系，而监督学习通常涉及将观察结果分类为 1 个或多个类别或结果。监督学习需要一个具有预测变量和标记结果的数据集。特征选择对于预测建模至关重要，而机器学习对它特别有用。

例如，在医学上，当观察结果通常有"病例"或"对照"等标签时，就可以进行预测建模，并且这些观察结果与相关特征如年龄、性别或临床变量配对。假设考虑一个医生希望预测某患者是否会在入院后 30 天内再次入院。对于这个困难的问题，机器学习技术已被证明可以改进传统的统计方法。我们假设的临床医生拥有一个大但"混乱"的电子健康记录数据集。通常，电子病历包括一些变量，如病历号、药物处方、检测指标、影像学数据等。利用人口统计学、实验室值和生命体征，各种不同的算法在临床显著程度上优于逻辑回归。

事实上，人们很难决定在预测模型中应该包含哪些变量。当自变量大于观测变量时，拟合逻辑回归模型在代数上是困难的。人们通常使用单变量方差筛选或正向逐步回归等技术。不幸的是，这些方法导致的模型不倾向于在其他数据集中进行验证，并且不适用于患者使用。

对于机器学习，变量之间经常存在复杂的相互作用。这种交互作用的数量和质量很难用传统的方法来描述。通过机器学习，我们可以捕获和使用这些复杂的关系。由无监督学习设计的特征也经常被纳入监督学习模型中，在比较机器学习特征选择的方法中证明了机器学习特征选择的实用性。

缺乏可解释性可能是大多数机器学习算法的主要缺点，包括人工神经网络。换句话说，不可能准确地理解一个网络是如何近似于一个特定的函数。这种"暗箱"行为的一个直接结果是，不可能预测输入的微小变化将如何影响网络的预测能力。作为人工神经网络输入的图片，一些难以查觉的微小差别，可能会导致网络性能的急剧下降。相反，对同一张图片进行重大修改，使人眼无法再识别它们，并没有改变人工神经网络对图像进行分类的方式。在实践中，当使用人工神经网络代替线性模型时，预测性能的提高应平衡可解释性的损失。

在药物发现项目中使用的大多数学习任务和技术可分为七大类：监督学习、无监督学习、半监督学习、主动学习、强化学习、迁移学习和多任务学习。每一类都有自己的特征性的优点和局限性。

（1）监督学习。

监督学习是指在存在标记的样本数据中进行模型训练的过程，是机器学习中应用最为成熟的学习方法。其中数据存在标记的主要功能是提供误差的精确度量，也就是当数据输入到模型中得到模型预测值，能够与真实值进行比较得到误差的精确度量。在监督学习的过程（即建立预测模型的过程）中，可以根据误差的精确度量对预测模型进行不断调整，直到预测模型的结果达到一个预期的准确率，这样模型的准确性可以得到一定的保证。监督学习常见的应用场景有分类问题和回归问题。两者的区别主要在于对待预测的结果是否为离散值，若待预测的数据是离散的，此类学习任务称为分类；若待预测的数据为连续的，则此类任务称为"回归"。在分类问题中只涉及两个类别的分类问题，人们一般称其中一个为正类（positive class），一个为反类（negative class）。当涉及多个类别时，则称为多分类任务。常见的监督学习应用包括基于回归或分类的预测性分析、垃圾邮件检测、模式检测、自然语言处理、情感分析、自动图像分类等。

监督学习用于描述预测任务，因为其目标是预测或分类感兴趣的特定结果。监督学习已被应用于包括人口统计学、临床和社会预测因素在内的大型数据结构。

（2）无监督学习。

与监督学习相对应，在不存在标记的样本数据中建立机器学习模型的过程称为无监督学习。由于不存在标记数据，所以有绝对误差的衡量。无监督学习中得到的模型大多是为了推断此数据的内在结构，其中应用最广、研究最多的就是"聚类"，其可以根据训练数据中数据之间的相似度，对数据进行聚类（分组）。经过聚类得到的簇也就是形成的分组可能对应一些潜在的概念划分，进而厘清数据的内在结构。如一批图形数据通过聚类算法可以将三角图形确定一个集合，圆点图形确定一个集合。经过这样的过程可以为下一步具体的数据分析建立基础，但需要注意，聚类过程仅能自动形成簇结构，但是簇对应的具体语义要使用者来进行命名和把握。其实从过程也可以看出无监督学习方法在于寻找数据集的规律性，这种规律性不一定要达到划分数据集的目的，也就是说不一定要对数据进行"分类"，而且无监督学习方法所需训练数据是不存在标记的数据集，这就使无监督学习比监督学习用途更广，如分析一堆数据的主分量或者分析数据集有什么特点都可以归为无监督学习。常见的无监督应用包括对象分割、相似性检测、自动标记、推荐引擎等。

无监督机器学习方法在描述任务中特别有用，可在没有测量结果的情况下找到数据结构中的关系。无监督学习的目标是识别数据结构中的潜在维度、组件、集群或轨迹。心理健康分类和心理测量研究中常用的几种方法都属于无监督学习的范畴，包括主成分分析、因子分析和混合建模。

无监督学习可用于识别潜在或未观察到的维度和轨迹，并确定如何最好地将维度分类为亚型。识别数据驱动的维度和亚组可能会导致围绕新症状、表型或诊断提出新的假设。当前瞻性数据可用时，无监督学习方法也可以用于识别症状或表型随时间发展的异质性。

（3）半监督学习。

标记样本的数量占所有样本的数量比例较小，直接监督学习方法不可行，用于训练模型的数据不能代表整体分布，如果直接采用无监督学习则造成有标记数据的浪费。而半监督学习处于监督学习和无监督学习的折中位置。

半监督学习的目标，是利用大量未标记的数据来提高监督学习在小数据集上的性能。通常，半监督学习算法使用未标记的数据来学习有关输入分布的附加结构。例如，输入分布中聚类结构的存在可能暗示样本被分离成不同的标签，这通常被称为聚类假设。如果两个样本在输入分布中属于同一个聚类，那么它们很可能属于同一类。聚类假设等效于低密度分离假设，决策边界应该位于低密度区域。等价性很容易推断，位于高密度区域的决策边界将一个聚类划分为两个不同的类，要求来自不同类的样本位于同一聚类中。

（4）主动学习。

主动学习是从稀疏标记的数据中获取知识的最常见方法之一。它旨在通过搜索最相关的示例来减少注释数据所需的时间。大数据样本量巨大，但标注成本太高，赋予标签需要大量的工作，因此，训练一个具有少量标记的准确预测模型，能大大减少成本提高效率。主动学习方法在许多领域取得了成功，得到了快速和持续的改进，正逐渐成为医药研究的新工具。

（5）强化学习。

强化学习是指一类旨在训练计算主体与环境成功交互的技术，通常是为了实现特定目标。这种学习可以通过试错、演示或混合方法进行。当代理在其环境中采取行动时，奖励和结果的迭代反馈循环会训练代理更好地完成手头的目标。通过监督学习（即模仿学习）直接学习预测专家的行为，或者通过推断专家的目标（即反向强化学习），可以实现从专家演示中学习。为了成功地训练一个智能体，关键是要有一个模型函数，它可以将来自环境的感觉信号作为输入，并输出智能体要采取的下一步行动。以深度学习模型作为模型函数的深度强化学习显示出了良好的应用前景。

一个可以从深度强化学习中受益的医疗保健领域是机器人辅助手术。目前，机器人辅助手术在很大程度上依赖于外科医生以远程操作的方式引导机器人的器械。深度学习可以通过使用计算机视觉模型来感知手术环境，并使用强化学习的方法来从外科医生的身体运动中学习，从而增强机器人辅助手术的稳健性和适应性。这些技术支持高度重复和时间紧迫的外科手术任务的自动化，如缝合和打结。例如，计算机视觉技术可以根据图像数据重建开放性伤口的景观，并且可以通过解决路径优化问题来生成缝合或打结轨迹，该路径优化问题在考虑外部约束（如关节限制和障碍）的情况下找到最佳轨迹。与此类似，经过图像训练的递归神经网络可以通过学习事件序列来自主打结，这种情况以前需要外科医生的物理动作。

1.3　经典机器学习方法

药学相关研究可选择多种机器学习算法，下面介绍一些最经典的方法。

（1）线性回归。

线性回归可以说是最简单的机器学习算法。回归分析背后的主要思想是指定一个或多个数字特征与单个数字目标之间的关系。线性回归是一种用直线来描述数据集，以解决回归问题的分析技术。

单变量线性回归是一个只将单一特征用于预测目标值的回归问题，可以用斜线截距形式表示。

$$y = ax + b \tag{1-1}$$

式中，a 是一个描述斜率的权重，它描述了 x 增加时直线在 y 轴上增加了多少。截距 b 描述了直线截距 y 轴的点。线性回归使用这种斜率–截距形式建模一个数据集，其中机器的任务是识别 a 和 b 的值，这样确定的线能够最好地将 x 值与 y 值联系起来。多元线性回归与此类似。但在算法中有多个权重，每个权重都描述了每个特征对目标的影响程度。

在实践中，很少有一个函数能够完美地适合数据集。为了测量与拟合相关的误差，需要测量残差。从概念上讲，残差是预测值 $\hat{y}$ 和实际值 y 之间的垂直距离。在机器学习中，代价函数是一个微积分推导出的术语，旨在最小化与模型相关的误差。最小化代价函数的过程涉及一个被称为梯度下降的迭代优化算法，其中所涉及的数学计算超出了本文的范围。在线性回归中，代价函数是前面描述的 MSE。最小化这个函数通常可以得到最佳建模数据集的 a 和 b 的估计值。所有基于模型的学习算法都有一个代价函数，其目标是将该函数最小化，以找到最佳拟合的模型。

（2）逻辑回归。

逻辑回归是一种分类算法，其目标是找到特征和特定结果的概率之间的关系。逻辑回归不是使用线性回归产生的直线来估计类概率，而是使用 s 型曲线来估计类概率。这条曲线由 s 型函数决定，它产生一个 s 形曲线，将离散或连续的数值特征（x）转换为一个介于 0 到 1 之间的单个数值（y）。

$$y = \frac{1}{1 + e^{-x}} \tag{1-2}$$

这种方法的主要优点是概率被限制在 0 和 1 之间（即概率不能为负数或大于 1）。它可以是二项式的，即只有两种可能的结果，也可以是多项式的，即可以有 3 种或更多可能的结果。

事实上，逻辑回归的一个主要优势是，它在分析二元结果时保留了线性回归的许多特征。在逻辑回归中，表示处于一个二元结果类别相对于另一个二元结果类别的估计概率，而不是表示估计的连续结果。同时，逻辑回归表示自变量的线性回归方程，用量表表示，而不是原始的线性格式。这种尺度转换的原因在于逻辑回归模型的基本参数。具体来说，用概率表示的二元结果必须为 0~1。相反，逻辑回归方程中的自变量可能具有任何数量。

逻辑回归是一种有价值的研究方法，因为它可以广泛应用于不同的研究环境。例如，人们可能希望检查结果与几个自变量（也称为协变量、预测变量和解释变量）之间的关联，或者可能希望确定从一组自变量中预测结果的效果。此外人们可能对控制特定自变量的影响感兴趣，尤其是那些充当混杂因素的因素，它们与结果和另一个自变量的关系掩盖了该自变量与结果之间的关系。后一种应用在不允许随机分配给治疗组的环境中尤其有用，例如观察性研究。通过随机分配，人们通常可以对混杂变量进行充分的控制，因为随机分组往往具有相等或平衡的混杂因素分布。相比之下，观察性研究不涉及任何实验操作，因此如果不加以解释，混淆变量可能会成为一个真正的问题，这就是逻辑回归在这种情况下非常有吸引力的原因。

在实践中，线性回归很常见，但它不适用于某些类型的医疗结果。对于二元事件，如死亡率，逻辑回归是通常的选择方法。与线性回归类似，逻辑回归可能只包括一个或多个自变量，检查多个变量更具信息性，它揭示了每个变量在调整其他变量后的独特贡献。变量选择过程的一个关键部分是承认和解释潜在混杂因素的作用。

如前所述，混淆变量是指那些与结果和另一个自变量的关系掩盖了该自变量与结果之间的真实联系的变量。例如，社会经济地位可能会混淆种族和每年急诊就诊之间的关系，因为它与种族（即某些种族群体往往在某些社会经济地位类别中更具代表性）和急诊就诊（即较贫穷的患者可能更频繁地使用急诊进行基本医疗保健）都有关联。然而，这类因果关系可能并不明显，因此应考虑在变量选择过程中对其进行正式评估，以确保对其进行适当的表征并随后进行建模。路径分析图在这方面可能特别有用。

（3）决策树和随机森林。

决策树是一种有监督的学习技术，主要用于分类任务，也可以用于回归。决策树以根节点开始，根节点是分割数据集的第一个决策点，它包含一个将数据最好地分割成各自类的单一功能（图1-7）。每个分割都有一条边，它可以连接到包含另一个特征的新决策节点，以进一步将数据分割为同质组，也可以连接到预测该类的终端节点。这种将数据划分为两个二进制分区的过程被称为递归分区。

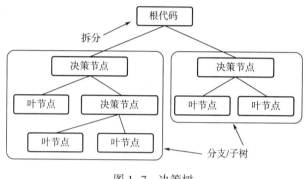

图1-7 决策树

随机森林是决策树的扩展，可称为集成方法，它可以产生多个决策树，不是使用每个特征来创建随机森林中的每个决策树，而是使用特征的子样本来创建每个决策树。然后，一个树预测一个类的结果，树中的大多数票被用作模型的最终类预测（图1-8）。

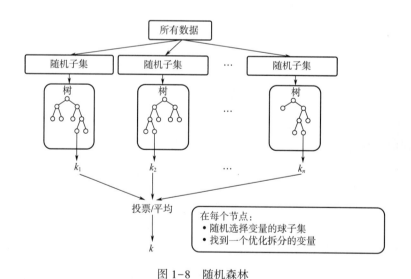

图1-8 随机森林

随机森林是树的预测因子的组合，其中每棵树投票给其首选类别，根据投票最多的类别提供最终的预测。随机森林已经广泛地应用于数据集的快速训练。研究也表明，尽管组合中使用了树，随机森林通常也不会过度拟合。

集成方法背后的主要原理是，一组弱数值描述符可以聚在一起，形成一个针对数据集的强预测器。随机森林中的每个分类器单独都是一个弱描述符，而所有的分类器合并在一起都是一个强预测器。随机森林从一种被称为决策树的标准机器学习技术开始，在集成术语中，它对应于我们的弱预测器。随机森林运行时相当快，可以处理不平衡和丢失的数据。随机森林的弱点是，当用于回归时，它们不能预测超过训练数据的范围，而且它们可能会过拟合，特别是有噪声的数据集。

为了实现随机森林，需要设置两个参数：树数和每个分割中的特性数。使用默认参数可以获得令人满意的结果。

（4）迁移学习。

迁移学习又称为归纳迁移、领域适配，是机器学习中的一个重要研究课题，目标是将某个领域或任务中学习到的知识或模型应用到不同或者相关的领域和问题中，具体是指利用数据、任务或模型之间的相似性，将在旧领域学习过的模型，应用于新领域的一种学习过程（图1-9）。迁移学习试图实现人通过类比学习的能力。

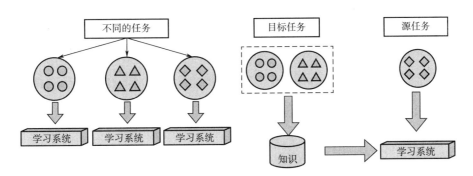

图 1-9　迁移学习与机器学习区别

迁移学习的总体思路可以概括为学习算法最大限度地利用有标注领域的知识，来辅助目标领域的知识获取，迁移学习的核心是找到源领域和目标领域的相似性，并加以合理利用。这种相似性非常普遍，例如人的身体构造是相似的，人骑自行车和骑摩托车的方式是相似的。找到这种相似性是迁移学习的核心问题。找到这种相似性之后，下一步的工作就是"如何度量和利用这种相似性"，度量工作的目标有两点：一是很好地度量两个领域的相似性，不仅定性地告诉人们它们是否相似，而且定量地给出相似程度；二是以度量为准则，通过所要采用的学习手段，增大两个领域之间的相似性，从而完成迁移学习。另外需要说明的是，与半监督学习和主动学习等标注性学习不同，迁移学习放宽了训练数据和测试数据服从独立同分布这一假设，使参与学习的领域或任务可以服从不同的边缘概率分布或条件概率分布（图1-10）。

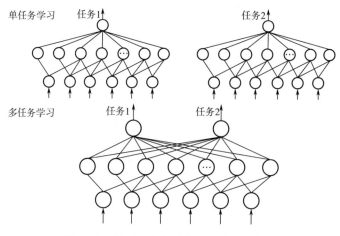

图 1-10　基于参数的迁移学习方法示意图

1.4　最新机器学习方法

（1）人工神经网络。

人工神经网络，就是模仿人体的神经网络创建的一种网络架构。人们对于世界的感知是依靠神经元的相互作用（图 1-11）。但人体的每个神经元的刺激程度是不一样的，有的对某些信号表现得很兴奋，而有的对某些信号表现抑制，可以通过这些神经元的反应来看出一个人的情绪状况。在感知器中，通常会引入权重来代表每个感知器对信号的兴奋程度。除了神经元的兴奋度外，每个神经元都有其固定的阈值。

人工神经网络是一个计算神经网络，它的工作原理是基于"生物神经网络的结构和功能如何相互通信、信息如何从一个神经元传递到另一个神经元，以及它产生结果的机制"。神经网络也遵循相同的过程，它从给定的数据集中获取信息，并考虑其中隐藏的信息，最后通过适应未知情况给出高精度的输出。人工神经网络是功能强大的分类器之一，它也可以有更复杂的功能。

人工神经网络是适应性很强，能够表示各种形式和复杂性的线性和非线性函数。局限性包括需要参数调整和无法解释神经网络学习到的概念，这些概念被编码在权重中。

神经网络仅仅是一层排列的人工神经元的集合。人工神经网络自 20 世纪中叶就开始发展，应用最广泛的人工神经元模型被称为乙状神经元。乙状神经元是一个基本单位，可以被视为生物神经元的模型。因此，乙状神经元接收到的 1 个或更多的加权输入，决定了神经元在多大程度上被激活。

每个神经网络都包含一些节点（类似于细胞体），这些节点通过连接（类似于轴突和

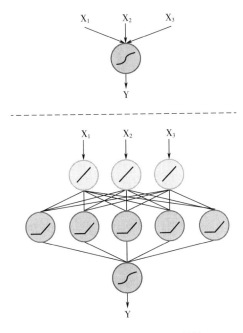

图 1-11　人工神经网络的结构

树突）与其他节点进行通信。当神经元之间的突触在生物神经网络中有关联输出时会增强（赫比安理论假定，"神经一起燃烧，连接在一起"），神经网络中节点之间的连接是根据它们提供期望结果的能力来加权的。

　　一个人工神经网络有 1 个输入层、可选的隐藏层和 1 个输出层。一层的单个神经元都与下一层的每个单神经元相连，因此，这种网络被称为全连接的神经网络。每层神经元的最佳数量，以及每层神经网络的最佳层数，是根据经验确定的。

　　在人工神经网络用于实际目的之前，必须进行训练。训练的第一步是为网络选择一个合适的架构，必须选择足够数量的单一隐藏层，和适当数量的神经元。第二步与数据收集和组织有关。训练神经网络所需的数据量与网络的大小成正比。此外，由于技术原因，每一块数据只能贡献学习过程中的非常小的一部分。因此，数据集通常由几十万项组成。数据必须随机分为训练批和测试批。前者用于网络训练，后者允许在培训完成时评估网络的性能。

　　在学习步骤中，人工神经网络逐步将其输入的输入值映射到相应的输出值。为了实现这样的映射，神经网络必须充分设置构成它的所有神经元的所有权重。该过程使用许多可用的训练算法之一自动执行，例如具有反向传播的梯度下降算法。经过适当的训练后，当神经网络的输入神经元得到适当的值时，神经网络的每个输出神经元将提供一个相关的输出值。

　　多种学习技术可以用于训练人工神经网络，例如，梯度下降算法包括随机梯度下降和反向传播。反向传播，是指返回模型输出的计算误差的分布，将总网络误差的一部分，分配给每个神经元，并使梯度下降算法能够找到更好的解决方案，即底层函数的近似问题。误差反向传播主要用于监督学习任务，因为它需要目标输出值来计算误差，尽管它也适用于量化或构造误差，使其能够用于自动编码器等架构。

当使用训练过的人工神经网络时，信息从网络的输入层流到输出层，某一层的每个神经元的输出成为下一层神经元的输入之一。这种对信息的处理被称为正向传递。

人工神经网络很受欢迎，是因为它对近似函数非常有效。函数是与一个称为域的集合中的每个元素关联的关系，域是另一个称为协域的集合中的唯一元素。这个普遍的近似定理，证明了任何具有适当体系结构的前馈神经网络，都可以近似任何函数，包括复杂的非线性函数。

基于通用近似定理，利用人工神经网络来逼近分类问题中取离散值的函数。人工神经网络还可以预测连续函数的价值，使其成为很好的回归分析工具。在实践中，人工神经网络通常是近似复杂非线性函数的最佳选择。然而，更简单的线性回归模型仍应用于估计简单函数，因为它们需要更少的计算资源，并且更稳健。

人工神经网络有 3 个主要的局限性：首先，培训人工神经网络需要大量的数据，这可能是对罕见疾病患者使用人工智能的一个限制因素；其次，神经网络需要良好的预测因子来正确地近似函数，换言之，网络需要提供与函数密切相关的可测量数据来进行分析；最后，训练神经网络，特别是中枢神经网络，需要大量的计算资源。

人工神经网络的另一个缺点是，网络的输入和输出通常可以替代临床的情况，以最大限度地提高网络预测和临床情况之间的相关性。这种相关性可能并不总是最优的。因此，当更简单的线性方法不能提供准确的结果时，人工神经网络应该优先用于大型和复杂的数据集。

（2）深度学习。

深度学习的概念是在 20 世纪 80 年代与人工神经网络一起提出的。然而，当时用于模型开发的数据有限，神经网络并没有比其他机器学习方法显示出显著的优势。从 20 世纪 90 年代到 21 世纪初，计算机硬件仍然不足以支持训练具有多隐藏层的神经网络或超大数据集的模型开发。现今，GPU 和云计算的通用，使神经网络建模研究不再受硬件限制。

深度学习是机器学习的一个子领域，在过去几年中出现了戏剧性的复苏，这主要是由于计算能力的提高和大量新数据集的可用性（图 1-12）。该领域见证了机器理解和处理数据（包括图像、语言和语音）能力的巨大进步。医疗和药物学从深度学习中受益匪浅，因为生成的数据量巨大，医疗设备和数字记录系统的数量也在不断增加。

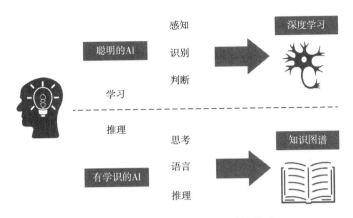

图 1-12　深度学习与知识图谱的关系

从历史上看，构建机器学习系统需要领域专业知识来设计特征提取器，将原始数据转换为合适的表示，学习算法可以从中检测。相比之下，深度学习是一种表示学习形式，其中机器被提供原始数据，并开发出模式识别所需的表示，该表示由多层表示组成。这些层通常按顺序排列，并由大量原始非线性运算组成，从而将一层的表示（从原始数据输入开始）输入下一层，并转换为更抽象的表示。当数据流经系统的各个层时，输入空间会反复扭曲，直到数据点变得可区分为止。通过这种方式，可以学习高度复杂的函数。

尽管深度学习似乎是一个新兴的名词，但是它所基于的神经网络模型和数据编程的核心思想人们已经研究了几百年。从古至今，人们一直渴望能够通过数据来预测和分析未来。事实上，数据分析就是大多数自然科学的本质，人类通过发现自然事物中的变化规律，寻找它们的不确定因素，最终推测出与事实相近的结果。其实人们每天观看的天气预报就是通过观测大气的流动，从而计算出未来的天气状况。如何让人类预测的结果更加准确，需要观测到的数据以及数据模型更加精准。同样的道理，如果想让机器识别图片更加精准，就需要对模型（也就是神经网络）进行不断优化，使这个模型能够将误差降到最小。

说到深度学习，就不得不了解一下神经网络，简单来说，神经网络就是模仿人体神经网络创建的一种网络架构。人类的大脑内部有很多神经，人们对这个世界的认知就是依靠神经元的相互作用，人们看到一张照片能分辨出照片中的动物是狗还是猫，看到一段文字能理解文字表达的意思，这都是大脑的神经元在发生作用。历史上，科学家一直希望模拟人的大脑，造出可以思考的机器。人为什么能够思考？科学家发现，原因在于人体的神经网络。

深度学习是一种无监督学习，其源于人工神经网络的研究，含有多个隐藏层的多层感知器就是一种深度学习结构。现在有多种深度学习框架，如深度神经网络、卷积神经网络、深度置信网络和循环神经网络，它们被应用在计算机视觉、语音识别、自然语言处理、音频识别与生物信息学等领域。深度学习使机器模仿视听和思考人类的活动，解决了很多复杂的模式识别难题，使人工智能相关技术取得了很大的进步。

深度学习模型能够扩展到大型数据集，部分原因是它们能够在专门的计算硬件上运行，并随着更多的数据不断改进，使它们能够超越许多经典的机器学习方法。深度学习系统可以接受多种数据类型作为输入，这是医药研究数据的特定技术的一个方面。最常见的模型是使用监督学习进行训练的，其中数据集由输入数据点（如药物靶点识别）和相应的输出数据标签（如"良性"或"一般"）组成。

完全连接的网络被限制在1个或2个隐藏层内。然而，具有更多隐藏层的更深的网络可以更容易地拟合出非常复杂的函数。为了克服浅层神经网络的局限性，引入了一种新的网络模型：用于深度学习的深度神经网络。卷积神经网络是最常用的深度网络模型之一。

基本上，卷积神经网络与完全连接的前馈人工神经网络具有相同的体系结构。然而，人工神经网络中的层没有完全连接。此外，随着网络的深入，卷积神经网络隐藏层中的神经元数量逐渐减少。这些特殊性允许权重总数减少，这反过来极大地减少训练或使用网络所需的计算资源。因此，卷积神经网络可以比人工神经网络更深，并且可以逼近更复杂的函数。

卷积神经网络在分析空间或时间依赖的数据方面特别有效，如图像或声音。因此，卷积神经网络通常是解决图像或语音识别问题的强大方法。它们还能有效地分析大数据。

深度学习的最大成功应用是在计算机视觉领域。计算机视觉专注于静态图像和视频，并处理对象分类、检测和分割等任务，这些任务有助于确定药物分子能否有效结合到作用靶点。

（3）支持向量机。

自从 Vapnik 提出支持向量机以来，它在过去的 10 年里受到了许多研究人员的关注。支持向量机是一种非参数最大裕度分类技术，旨在将数据分类为两组，使其适用于两组分类问题（图1-13）。然而，它也被扩展到解决多组分类问题。

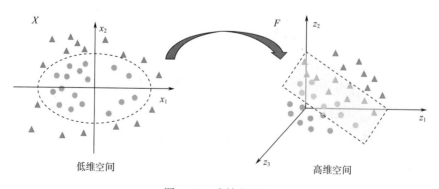

图1-13　支持向量机

　　支持向量机是一种数据分类技术，属于一种监督学习算法，可用于识别复杂数据集中的细化模式。该算法已应用于文本分类等多种领域。支持向量机从根本上说是一个二进制分类器：给定两类数据，为了进行多类分类，可以使用成对分类。支持向量机学会了区分它们，并预测以前未见过的例子的分类。它将每个训练示例视为高维空间中的一个点，并搜索一个超平面来区分正和负。该算法不仅适应稀疏数据，而且能够对组进行分类或为输入数据创建预测规则，而输入数据不能通过简单的线性决策函数进行分类。

　　为了评估变量在支持向量机中的重要性，目前有 3 类方法：过滤器、包装器和嵌入式方法。这些现有方法的瓶颈是它们的使用基于具有线性的内核。支持向量机可以有效地对径向基函数、s 型或多项式核进行非线性分类。

　　支持向量机具有更好的泛化能力。此外，支持向量机突出表现其对高维数据的持久性。但对生成的模型的解释，及其对真正的参数调优的敏感性，决定了其主要局限性，导致某些数据集的分离效率低下，因此这种方法的效率与数据结构有关。这一事实尤其适用于支持向量机的线性模型，这些模型不够灵活，因此具有很强的案例依赖性。避免这种低效的传统技巧是使用核函数和其他特征映射与支持向量机相结合来建立非线性分类器。此外，支持向量机模型的训练和核参数对其结果有很大影响。

　　为了解决这些限制，支持向量机的非线性形式提出了一种基于核函数或其他非线性特征映射的改进机器，从而消除了上述缺陷。然而，选择一个有效的内核或特征映射函数在很大程度上取决于数据结构。因此，灵活的特征映射可以有效地应用于不同类型的数据结构，而不会对内核选择及其调整提出质疑。虽然已经提出了许多调整支持向量机参数的方法，但它们的解决方案可能仅产生局部最优解。此外，如果没有基于规则的过程来选择映射函数或内核，更灵活的核函数将导致更准确的模型，因此难以达到所需的精度水平。

　　（4）k 近邻算法。

　　k 近邻算法，是一种基于特征空间中最近的训练实例，对对象进行分类的方法（图 1-14）。连同一个新的样本分类器，选择数据库中最接近新样本的 k 个条目。它可以找到这些条目中最常见的分类。k 近邻算法是一个非常简单的分类器，它可以很好地处理基本的识别问题。k 近邻算法利用距离测度的度量特性来降低计算成本，少数算法可以有效地处理度量和非度量测度。

　　k 近邻算法背后的一般理论是，在校准数据集中，它识别出了一组最接近未知样本的 k 个样本。然后，通过计算响应变量的平均值，从这 k 个样本中确定未知样本的标签。因此，对于该分类器，k 在 k 近邻算法的性能中起着重要的作用。k 近邻算法是基

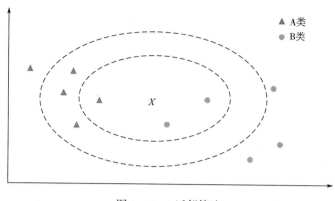

图 1-14　k 近邻算法

于实例的机器学习技术中最简单的代表之一。根据给定数据集中大部分 k 近邻算法的类别，它存储所有的训练数据，并对一个新的数据点进行分类。为了获得数据的最近邻，k 近邻算法使用了一种度量来计算数据项对之间的距离。一般来说，所采用的度量是欧氏距离。

k 近邻算法也能够建立目标函数的局部近似，这对于每个被分类的新数据点也可能是不同的。它能对于几个具有低复杂度的局部近似进行描述，特别是当目标函数相对复杂时，这可能是有利的。

k 近邻算法作为一种强大的非参数模式识别技术，得到了广泛的应用。然而，对于大型训练集，需要密集的相异性计算。在过去的 30 年里，k 近邻算法一直是一个活跃的研究领域。虽然在模式识别中已经简要解释了非度量相异度测度，但大多数现有的 k 近邻快速算法只有在度量相异性测度的情况下才有效。用于加速 k 近邻算法的算法分为两类：模板压缩和模板重组。模板压缩去除模板集中的冗余模式，将模板压缩规则引入模板重组中，产生了一种创新的算法，即基于压缩的树算法。

虽然许多模板重组算法依赖于度量相异性度量的基本性质（如三角形不等式），但其他适用于非度量的算法仅在低维特征空间中有效。一个例外是基于凝聚的树算法，它适用于任何相异度测度、度量或非度量。利用度量的三角形不等式的算法在搜索和分类方面更有效。

基于聚类的算法包括两个阶段：树生成和分类。与现有的树分类方法不同，该算法引入了类条件聚类，并为早期决策建立了两个决策层次。树中的决策级别是每个节点及其子节点都具有唯一类标签的级别。因此，在决策级别上，可以使用 k 近邻分类来确定看不见模板的类。超级别的生成是一个类条件聚类的过程，即将属于同一类的模板分组在一起。超级别之上的级别的建立仅基于一组节点之间的接近度。具体而言，聚类过程是基于当前级别的聚类中心的位置来迭代。所有聚类中心都是实际的数据点，因此在树生成和分类阶段都可以使用相同的相异性度量。

（5）卷积神经网络。

卷积神经网络是人工神经网络的一种特殊情况，它通过保留图像中像素之间的空间关系来克服神经网络存在的问题。卷积神经网络不是使用单个像素作为输入，而是将图像的补丁提供给下一层节点（而不是所有节点）中的特定节点，从而保留了提取特征的空间上下文。这些节点的补丁学习提取特定的特征，被称为卷积滤波器。

卷积神经网络也是一种深度学习算法，旨在处理表现出自然空间不变性的数据，已成为该领域的核心。卷积神经网络被广泛用于图像处理领域，并且经常用于模糊或锐化图像，或者用于诸如边缘检测之类的其他任务。如果图像是灰度的，可见光数字图像只是一个矩阵，如果图像是彩色的，则是 3 个堆叠的矩阵（红色、绿色和蓝色通道）。这些矩阵包含的值通常为 0~255，表示图像中的像素以及每个像素处每个颜色通道的强度。

卷积滤波器是一个小得多的矩阵，通常是平方的，大小从 2×2 到 9×9。这个滤波器通过原始图像，在每个位置，执行元素级矩阵乘法。卷积神经网络的输出映射到一个新的矩阵（特征映射），其中包含与卷积滤波器是否检测到感兴趣的特征相对应的值。

在卷积神经网络中，过滤器被训练从图像中提取特定的特征（如垂直线、多形物体），并在特征地图上标记它们的位置。一个深度卷积神经网络使用特征图作为下一层的输入，它使用新的过滤器来创建另一个新的特征图。

这种情况可以继续到许多层，随着它的继续，提取的特征变得抽象，但对于预测非常有用。然后将最终的特征图从正方形表示压缩并输入前馈神经网络，可以根据提取的特征和纹理对图像进行分类。这个过程被称为深度学习。

卷积神经网络用于输入数据，可以表示为图像或类似图像的对象的情况。典型的卷积神经网络至少包含 3 个组件：卷积层、池化层和密集连接层。卷积层根据它的宽度、高度和深度来描述，也就是说，它在一个小的接受域上捕获 x 和 y 坐标信息，深度 z 对应不同的信息来源，并使用在输入图像中滑动时观察到的模式来设置权重。卷积层的主要优点是，这些层通过其权重共享机制减少了参数的数量，并逐渐建立了空间和配置不变性。

池化层本质上实现了子采样，以减少噪声的影响和学习参数的数量。此外，池化层为输入特征的位置和方向的小变化增加了一定程度的弹性。卷积层和池化层可以形成一个卷积模块，卷积神经网络的每个模块学习在识别特征的同时保持它们的空间关系。这些特性导致了卷积神经网络比标准人工神经网络有一个主要优势，它们是平移不变的，可以在输入场的不同区域识别相同的特征。

因此，在大多数情况下，卷积层的输出将通过某种形式的非线性激活函数，以允许网络处理更复杂的关系。随着卷积神经网络的不断加深，一个新的问题出现了：关于输入或梯度的信息可能会逐渐消失，当它到达网络的末端时就会消失并"洗脱"。目前已经提出了几种不同的方法来解决这一问题，例如创建从早期层到后期层的路径，或以前馈方式，将每一层连接到每一层，以确保网络中层之间的最大信息流。

与其他神经网络架构类似，超参数调优对卷积神经网络模型的性能有很大的影响，可能的选择数量，使这些架构的设计空间很大，但无法进行手动搜索。在这种情况下，已经开发了多种方法，来提供合理的初始超参数值，并合理优化过程，其中包括网格搜索、随机搜索和贝叶斯优化和等。

卷积神经网络最初是为二维图像识别而开发的。在典型的卷积神经网络网络中使用的一些方法，如池化算法，被用来降低表示的维数并允许位置转移，这可能导致信息的丢失，从而在与药物发现相关的研究中表现较差。一个先进的深度学习架构，如胶囊网络，允许对网络的内部知识表示的层次关系进行建模，并可能在与药物发现相关的研究中具有相当大的潜力。

对于图像识别任务，每个输入在一个前馈神经网络对应于图像中的一个像素。然而，这并不理想，因为在一个层中的节点之间没有连接。在实践中，这意味着图像中特征的空间上下文丢失了。换言之，在一个图像中彼此接近的像素可能比在图像的相对两侧的像素更相关，但卷积神经网络没有考虑到这一点。

第 2 章
人工智能解开蛋白质结构谜团

寻找合适的治疗靶点以及建立相关疾病模型是新药研发的初始步骤，靶点的选择可能会影响后续药物开发的进程，例如在抗阿尔茨海默病新药研发中备受关注的抗 β 淀粉样蛋白相关靶点，各大制药公司均开展了相关研究，但大都以失败告终，因此新药开发靶点的选择是十分关键的。到 2022 年，已明确治疗作用的药物靶点不超过 500 个，仍有大量的可成药靶点亟待探索。人体是一个十分复杂的生命体系，大部分疾病的发病机制仍不够明晰，因此开发新的药物靶点需要耗费大量的时间、精力和资源。尽管药物进入临床前已经经过了大量的优化和论证，但大部分药物仍然不能顺利通过临床实验，而很多药物开发失败的原因可能是最初选择的研究靶点的成药性存在缺陷，因此在药物研发初期选择合适的药物靶点，并对其进行充分的论证，可以大大提高后续研究的成功率，减少财务损失和资源浪费。

人工智能方法和工具的日新月异，提高了创新药物研究的时间和成本效益。虚拟高通量筛选已成为早期药物发现的一个重要组成部分，以制定寻找新的先导化合物的策略。在临床实验的后期阶段发生的不可预测的毒性事件常导致巨大的损失，而且过程大多非常耗时。人工智能领域与神经形态系统的快速发展，将为解决此种复杂性难题铺就一条更好的预测道路。

大数据时代已经到来，基础数据量以指数级速度增长。大数据集计算三维转换，对蛋白质结构进行信息学处理，让先导物筛选工作事半功倍。现有技术能够满足基本需要，但对应预测毒理学领域使用的数据类型有特别需求。

尽管在人工智能和机器学习方面取得了进步，但这些技术在许多领域都面临着问题。其中一个主要问题是，与蛋白质毒素相关的质量数据作为一个输入可能是非结构化的，因此在任何基于预测的分析或建模之前，需要清理数据，以获得一个有组织的训练集。例如，由实验产生的数据不能假定在现实世界中有完美的测量值，这可能会导致有偏差的输出。

同时，最新发现的大分子或毒素基序，可能没有结构数据。要解决这个问题，可以设计一系列序列或同源模型作为诱饵集，对应一个特定的生物目标计算模型，然后使用这个模型作为数据集，来设计新的非毒素候选机器学习模型。毒理学领域的大数据是由组学技术、高通量筛选数据和基因阵列等产生的数据。除了通过高通量和组学技术获得的数据外，来自监测和流行病学的大型数据集也正在迅速增加。

这些数据可公开和免费地获取。但越来越多的数据，包括不相关的数据，将产生更多的噪声或虚假相关性。所以，有必要确定适当、充分和相关的数据，并提炼出足够的信息，这些信息可能取决于所作出的预测的背景或要回答的毒理学问题。因此，寻找有用的数据方面的挑战，比识别和选择相关数据以支持预测建模和安全性评估具有更大的权重。尽管存在信息学和技术问题，但预测毒理学和安全性评估的一个主要挑战是数据内容的整合、不同数据权重的评估，可能的差异及存在的一般相关性也对预测问题有很大的影响。

具有多个不同描述符集的多视图学习或建模，正在朝着机器学习的方向快速发展，并已形成良好的理论去推动。多视图数据更容易集成，未来将用于精确医学，并具有更好的药物-疾病关联预测能力。极限学习机，是一种相对较新的基于单隐层前馈神经网络，是经验风险最小化理论的学习算法。为了避免多次迭代、局部最小值和过拟合等问题，极限学习机可以作为构建毒物蛋白质组学模型的一种选择。

人工智能已开始被用于细胞图像处理、物理生物活性和药物毒性预测。然而，准确预测药物分子或目标蛋白的毒性仍然具有挑战性，计算方法有时在这方面表现不佳。首先，人工智能是一种数据挖掘方法，可用数据的数量和质量直接影响人工智能模型的性能。其次，现有数据的质量有时不足以进行有效的人工智能学习。例如，用不同方法测量的分子的治疗指数，可以产生完全不同的数据，不能相互比较。

最后，蛋白质解析的工作非常困难，因为它需要在4个不同的水平上分解和思考，氨基酸一级序列结构特征的一维预测；氨基酸之间空间关系的二维预测；蛋白质三级结构的三维预测；以及多蛋白质复合物四级结构的四维预测。由于这一组多样化的信息片段，人工智能很难将这些信息字符串整合为基于多变量的分类模型。

更多可用的公开数据，以及新的机器学习和深度学习方法的发展，已经改变了蛋白质组学领域。深度学习是人工智能的辅助部分，它使用多层从原始输入中逐步提取高级特征，已被用于预测蛋白质的三维结构，也擅长分子毒性预测。近年来，从分子或蛋白质组学数据库，到三维结构数据集的多尺度数据集成，深度学习模型都锚定这些数据类型。

随着多组学领域的发展，使用了随机森林、支持向量机和神经网络等已建立的方法，深度学习的使用取得了辉煌的结果。由于计算性能的快速发展，现在可以实现适用于大数据问题的深度学习。

基于蛋白质一级序列的描述符，可以结合到简单的物理化学性质上，而这些物理化学性质，又可以结合到复杂的结构特征和高维特征，或毒素载体上。因此，深度学习算法可以用来构建蛋白质组学特征的层次结构，这使深度学习非常适用于计算毒理学。

随着生物信息学的深度学习进入一个更成熟的阶段，细致的基准和评估在已发表的文献中变得越来越常见。由于以下原因，这一趋势可能会持续几年：架构和算法的不断改进；收集的实验数据不断增加；生物信息学和机器学习之间的交叉越来越多。

一些疾病明显与蛋白质毒性有关，这是主要的致病机制之一，但其细节仍不完全了解。治疗性蛋白或多肽的毒性学图谱，在人类的临床发展和进一步研究领域至关重要。这些方法可以通过各种体内方法来进行，如细胞毒性研究、溶血毒性，以及可以在动物身上进行的标准毒性研究。通过利用计算方法，如机器学习、分子建模及动力学技术，蛋白质或多肽的毒性效应可以有效预测，甚至在初步阶段也可以实现，从而使毒性预测成为一种合理的方法。

现在，蛋白质毒性预测的基础还很模糊，在毒性蛋白质组学数据的水平上，现已有不同的方法，如利用一级序列信息，而很少有模型考虑二级结构特征和蛋白质一级序列信息。有几个基于 Web 的应用程序可用，它们能够通过合理的性能指标，来预测和分类蛋白质或多肽的有毒和无毒，这些服务器得到了几种基于机器学习的技术的反向支持。毒性信息学的最终目标不仅是准确地预测任务，而且能够理解潜在的生物过程。毒性蛋白质组学人工智能或机器学习技术和计算建模的未来发展，需要更多关注基于多肽的治疗方法，以增强治疗特性并筛选出低毒性的多肽类候选药物。

2.1 靶蛋白结构预测

药物研发在制药行业仍然需要投入巨大而沉重的金融成本。然而，每年只有少数候选药物，主要是小分子，可以成功进入市场。现代新药研究与开发的关键首先是寻找、确定和制备药物筛选靶——分子药靶。药物靶点是指药物在体内的作用结合位点，包括基因位点、受体、酶、离子通道、核酸等生物大分子。选择确定新颖的有效药物靶点是新药开发的首要任务。但已清晰阐明结构及功能的靶点数量可能仅占人体极微小的一部分。新的药物靶点对于新药研发至关重要，往往会成为一系列新药发现的突破口。

在传统的基于实验的靶点识别方法中，基于化学修饰探针的靶点发现策略是较为常用的，使用小分子亲和探针可以在配体-蛋白质相互作用时进行无痕蛋白质标记，其中基于活性的蛋白质谱分析（activity-based protein profiling，ABPP）技术已经较为成熟。分子探针是指能与特定的靶分子发生特异性相互作用并能被特殊方法所检测的分子，ABPP 通常利用一个链接臂将反应基团与报告基团连接起来，利用反应基团与靶蛋白发生共价结合，从而将探针分子标记在靶点上，并利用质谱进行分析。基于靶蛋白与配体结合时稳定性会增加，导致微量的热量变化，通过检测这种热量的变化，就发展出了基于蛋白质热稳定性的靶点发现策略。同样利用靶点与配体结合后的稳定性增加，结合了配体的靶蛋白就不容易被蛋白酶破坏，利用药物亲和反应的靶点稳定性（drug affinity responsive target stability，

DARTS）同样可以寻找靶标蛋白。此外通过改变基因的序列或改变基因的表达水平来发现疾病相关的靶点也是较为常用的方法，包括 RNA 干扰（RNAi）筛选和 CRISPR 基因编辑技术，尤其 CRISPR 技术的出现与发展，使基于 CRISPR 技术的高通量筛选系统可以用于大规模地敲除（CRISPR-KO）、抑制（CRISPRi）或激活（CRISPRa）大量候选基因，通过观察疾病表型的恶化或是缓解，可以找到潜在的药物作用靶点。由于基于实验的靶点识别效率较低，通过计算方法的靶标识别成为了较好的替代和补充。药效团筛选、反向对接和结构相似性评估等计算手段已被用于预测配体的新生物靶标。

目前，生物医学数据的爆炸式增长，为数据分析带来了挑战，而人工智能在处理这些复杂的生物医学数据网络时具有独特的优势，例如深度学习方法近年来在生物医药领域被广泛应用，如 Fabris 等人建立了一种基于深度学习的方法，该方法具有新颖的模块化构架，通过从基因或蛋白质特征中检索学习模式，并以此来识别多种年龄相关疾病的致病基因。此外大型语言模型可以通过对已报道的相关生物医学文本信息的快速挖掘，基于大型语言模型 AI 聊天功能，连接疾病、基因和生物过程，从而能够识别、推断疾病发生和发展的机制，并实现潜在药物靶标和生物标志物的鉴定。目前创新药物研发公司 Insilico Medicine 已将基于大型语言模型最新进展的高级人工智能聊天工具 ChatGPT 集成到其 PandaOmics 平台中，ChatPandaGPT 使研究人员能够与平台进行自然语言对话，并有效地导航和分析大型数据集，从而以更有效的方式促进潜在治疗靶点和生物标志物的发现。微软也发布了基于生物医学研究文献的大型语言模型 BioGPT。面临现有数据比较缺乏的情况，也可以通过人工智能合成数据来进行靶标识别，通过人工智能算法，可以创建合成数据模拟各种生物场景，为研究人员深入研究分析提供更多可能性，合成数据还可用于训练人工智能模型，并寻找潜在的治疗靶点，该技术对于一些研究数据较少的罕见病尤为适用。

关于蛋白质折叠的知识对理解蛋白质的异质性和分子功能有深远的影响，并将进一步促进创新药物研究。预测蛋白质的三维结构是分子生物学中的一个关键问题。蛋白质折叠量的测定主要依赖于分子实验方法。随着新一代测序技术的发展，新的蛋白质序列的发现已经迅速增加。由于蛋白质数量庞大，使用实验技术来确定蛋白质折叠是极其困难的，这些技术耗时并昂贵。因此，迫切需要开发能够自动、快速、准确地将未知蛋白质序列分类为特定折叠类别的计算预测方法。

蛋白质折叠的计算识别一直是生物信息学和计算生物学的研究热点。人们已经做了许多计算工作，产生了多种计算预测方法，特别是基于机器学习的方法。对折叠类别下未知结构的蛋白质的分类称为折叠识别，这是确定蛋白质三级结构的基本步骤。

理解蛋白质如何采用其 3D 结构仍然是科学上最大的挑战之一。阐明这一过程将极大地影响生物学和医学的各个领域，以及新的功能蛋白和药物分子的合理设计。确定一个蛋白质的折叠类别是至关重要的，因为它揭示了蛋白质的三维结构。

在早期，蛋白质结构的测定依赖于传统的实验方法，如 X 射线晶体学和核磁共振光谱学。在后基因组时代，通过新一代测序技术产生了大量的序列。虽然用实验方法对结构确定的序列进行结构特征分析越来越多，但结构确定的序列与无特征序列之间的差距不断增加。因此，迫切需要开发一种快速、准确地测定蛋白质结构的计算方法。

蛋白质折叠的精确计算预测，将逐渐替代劳动密集和昂贵的蛋白解析试验。蛋白质折叠识别的计算方法一般可分为 3 类：从头建模方法、基于模板的方法和无模板的方法。由于从头建模有两个局限性，许多工作都集中在基于模板的方法和无模板的方法开发上。首先，它需要较长的计算时间和大量的数据库，其次，它只能成功地应用于小的蛋白质解析。

用于确定蛋白质结构的基于模板的方法，是基于蛋白质的进化关系发展而来的。基于模板的方法的过程可以总结如下。

首先，从公共蛋白质结构数据库中检索到的已知结构的蛋白质，被用作查询蛋白序列的模板蛋白。为了使基于模板的预测快速、可靠，通常采用一个简化的数据库，其中序列相似度小于 50%～70%。

其次，检测到目标序列与已知结构的蛋白质之间的远距离进化关系。在这一步中，采用多比对算法，通过编码氨基酸序列来利用进化信息。

再次，为了确定最优的条件，评估来自查询蛋白的配置文件，与具有已知结构的模板蛋白的配置文件之间的相似性，作为评分函数的度量值。z 分数和 e 值是两种常用的评分函数。对齐的准确性在模型构建中非常重要。

最后，建立了基于模板原子坐标和最优查询-模板对齐的三维结构模型。最后，通过进一步的结构优化，从候选模型中确定最优的结构模型。常用的结构优化方法包括能量最小化和回路建模。

在过去的几十年里，人们开发了一系列基于模板的方法。这一系列的方法被认为是构建蛋白质结构理论模型最成功的方法。例如，Sanford Burnham 医学研究中心开发了一种名为折叠和功能分配系统的蛋白质识别方法，通过使用轮廓-轮廓对齐策略，而不使用任何结构信息，查询和模板配置文件是通过对 PDB 数据库进行搜索来获得的，然后这些配置文件通过点积评分函数对齐。通过比较蛋白质与一对不相关蛋白质的分布得分，计算出对齐得分的显著性。改进的折叠和功能分配系统方法，提出了一种称为 3D-折叠和功能分配系统的方法，其中引入了结构信息，如二级结构、溶剂可及性和残留深度。3D-折叠和功能分配系统的功能有明显的提高。

此外，Cambridge 大学生物化学实验室开发了一种名为赋格的蛋白质折叠识别方法，它可以通过使用与环境特定的替代表和结构依赖的间隙，来搜索蛋白质折叠库的序列，是一种利用线性规划的数学理论，建立蛋白质的三维模型和预测蛋白质折叠的新方法。同时，名为 I-TASSER（迭代线程集成改进）的在线预测服务器，是一个基于序列到结构再到功能范式，对蛋白质结构和功能自动预测的集成平台。

Sorbonne 大学新药研究中心提出了一种新的蛋白折叠识别方法，该方法基于成对比较，包含蛋白质序列及其结构的进化信息。基于模板的方法和建模程序也被成功开发出来。建模器通过满足空间约束来实现比较蛋白质结构建模，而 TMFR 应用特殊的评分函数来对齐序列，并预测给定的序列对是否共享相同的折叠。如上所述，已经提出了几种典型的基于模板的方法。然而，检查基于模板的建模质量的方法仍然不完善。目前，CASP（蛋白质结构预测的关键评估）是一个主流平台，用于建立一个独立的机制来评估当前在蛋白质结构建模中使用的方法。

基于模板的建模方法已经取得了很大的进展，但仍存在一些问题。首先，需要确定模板蛋白的结构，许多蛋白质的三维结构仍有待确定。其次，基于模板的建模在很大程度上依赖于目标蛋白和模板蛋白之间的同源性。当目标蛋白和模板蛋白的序列相似性高于 30%时，使用序列比对方法可以揭示它们的进化关系。然而，这种方法不适用于序列标识为20%~30%的目标，因为它和模板之间的关系不明显。最后，基于模板的结构建模很耗时。

为了解决上述问题，最近的研究工作都集中在无模板方法的发展上。无模板方法寻求仅基于氨基酸序列，而不是基于已知的结构蛋白作为模板，来建立模型和准确预测蛋白质结构。许多机器学习算法利用这一点，包括隐马尔可夫模型、遗传算法、人工神经网络、支持向量机和集成分类器。使用基于机器学习的蛋白质折叠识别方法的一个关键的潜在假设是，蛋白质折叠类的数量是有限的。

机器学习的目的是通过学习不同蛋白质折叠类别之间的差异，来建立一个预测模型，并使用学习到的模型，自动将查询蛋白质分配给特定的蛋白质折叠类。因此，这种方法对于大规模预测更有效，并可以检查大量有前途的候选方法并进行进一步的实验验证。

大多数最近开发的蛋白质折叠识别方法，都是基于集成分类器模型。①对于给定的 n个不同的单一基本分类器，第一种基于集成分类器的方法，使用一个特定的特征描述符来编码具有特征表示的查询蛋白质，用每个基本分类器训练特征表示，创建 n 个单一分类器模型，然后将所有训练过的 n 个单一分类器模型与集成策略相结合，生成一个基于集成分类器的模型。②对于给定的 n 个不同的单一基本分类器和 n 个不同的特征描述符，第二种基于集成分类器的方法使用 n 个特征描述符来编码具有 n 个不同特征表示的查询蛋白质。n 个特征表示依次组合为一个来训练 n 个基本分类器，然后训练所有 n 个基本分类器将单个分类器模型与集成策略相结合，生成一个基于集成分类器的模型。③对于给定的特定分

类器和 n 个不同的特征描述符，第三种基于集成分类器的方法使用 n 个特征描述符编码具有 n 个不同特征表示的查询蛋白质，分别用特定的单个分类器训练 n 个基于单一分类器的模型，然后将所有训练的 n 个单一分类器模型与集成策略相结合，生成一个基于集成分类器的模型。

依据此原理，出现了一种叫作 ProFold 的识别方法。在 ProFold 中，除了其他常用的特征，如氨基酸序列的全局特征、PSSM 特征、功能域特征和理化学特征外，还首先考虑了蛋白质三级结构的信息。三级结构特征利用 DSSP 从 PDB 文件中计算八种二级结构状态。此外，ProFold 还提出了一种构建集成分类器的新策略。

与传统的实验方法相比，基于机器学习的方法有 3 个优点：首先，它们展示了准确、健壮和可靠的性能；其次，它们可以应用于大规模的蛋白质折叠识别，这一应用在后基因组时代非常重要，其中仍有许多蛋白质有待结构表征；最后，它们可以有效地解决实验方法的内在问题，即它们耗时和昂贵。在过去的几十年里，蛋白质折叠识别计算方法取得了显著的进展，但还有一些难题有待解决。

用于评估预测器性能的基准数据集实际上受到了一些局限。此外，每个折叠类的样本量都很小，一般来说，基于这种不平衡和小数据集生成的预测模型很容易过拟合。大多数现有的方法，特别是对于那些使用在线服务器的方法，只能提供填充的 27 倍类预测。虽然 27 倍类的序列覆盖了 SCOP 数据库中的大部分序列，但在 SCOP 中实际上存在大约 1800 个蛋白质折叠类。因此，由于发现了越来越多的蛋白质折叠预测因子，开发适应性多类蛋白质折叠预测因子是可取的。已建立的集成分类器已经证明了其在蛋白质折叠识别方面的分类能力。利用深度学习算法进行分类任务是机器学习领域的研究热点。深度学习网络已成功应用于蛋白质折叠识别。将深度学习网络与成熟的集成分类器相结合，可能是提高蛋白质折叠识别效率的另一种方法。

基于机器学习的方法可以成功地应用于蛋白质折叠识别。未来，机器学习方法将广泛应用于其他类似但未被探索的领域，如致病氨基酸变化预测、蛋白-蛋白结合位点或相互作用预测、DNA-蛋白结合位点或相互作用预测等。

蛋白质的检测和定量是我们理解细胞生物学和人类疾病的关键。在这种情况下，高分辨率质谱的发展，对获得稳健的结果至关重要。肽的可检测性也是蛋白质组学中蛋白质鉴定、蛋白质定量和差异表达研究的一个重要问题。蛋白质组学是高通量实验领域中最重要的技术之一。在目前大多数用于蛋白质组学实验分析的生物信息学管道中，这一特征没有被考虑在内。这种肽的特征很难量化，因为有大量的变量干扰通过质谱仪检测某个肽或氨基酸序列。

由于质谱仪中肽选择的随机性，结果的统计分析困难重重。同时，由于变性肽的存在，使用高通量蛋白质组学技术进行蛋白质检测和定量仍然具有挑战性。然而，在分析中只考虑那些可以通过质谱检测到的肽，也称为蛋白型肽，可以提高结果的准确性。有几种方法已被应用于预测基于肽的物理化学性质的肽的可检测性。

西班牙纳瓦拉大学生物信息学平台，发明 DeepMSPeptide，一种用 Python 编写的生物信息学工具，专门考虑肽氨基酸序列预测肽检测性。它使用卷积神经网络实现的深度学习分类器，输入向量是肽序列的整数转换，为每个氨基酸分配整数。由于肽的长度不同，对输入进行了标准化，以供卷积神经网络进行填充。通过这种方式，每个代表一个肽的载体包含 81 个元素。使用一个嵌入层来处理这个输入量作为网络的第一层。第二层是退出层，在训练的每个阶段将输入单元随机设置为 0，防止过拟合。接下来添加了一维或二十一维的卷积层，应用 64 个滤波器，滑动窗口为 1，宽度为 3。最后，该模型包括了两个额外的隐藏层。分类器的输出为概率（具有 s 型激活函数的单元层），选择进行训练的损失函数为二进制交叉熵。每个模型在 100 个样本中批量训练 200 个周期。在训练过程中，以 $1 = 4$ 个样本作为验证集，当损失函数在连续 5 个周期稳定时停止训练。

该数据库的使用克服了其他研究的局限性。数据库中每种类型的质谱具有代表性，可用于预测每种肽的内在可检测性，而与所使用的质谱仪器的偏差无关。深神经网络是一个简单的深度学习结构，在标准神经网络中添加了更多的层，因此预测函数的复杂性不够高，不足以改进机器学习技术。然而，使用卷积神经网络的深度学习方法显著优于随机森林和其他仅使用每个肽的氨基酸序列作为输入的方法。并且使用 GPU 而不是 CPU，其执行速度要快 46%。

不考虑修饰肽的情况，DeepMSPeptide 是一种通用的方法，除了包含这类氨基酸的训练数据集外，还将修饰肽作为新的整数，这将使它们的可检测性预测成为可能。

2.2 多肽活性预测

一般来说，对新肽的实验评价是昂贵和耗时的。因此，有必要发展计算方法来预测多肽的潜在活性。机器学习方法的发展促进了药物发现中活性肽的鉴定。机器学习方法，包括支持向量机、随机森林、人工神经网络等，已被广泛应用于开发针对肽活性的预测模型（图 2-1）。近年来，深度学习作为一种新的、有效的方法被引入药物发现，进一步促进了机器学习的发展，是有效的加速小分子药物发现的计算方法。作为经济的方法，基于机器学习的方法在识别新的潜在肽方面得到了广泛的关注。

在过去的几年里，许多基于多肽的数据库和基于机器学习的网络服务器已经出现，用于多肽活性的预测。随着肽段数量的急剧增加，处理大量分散的数据是一项具有挑战性的

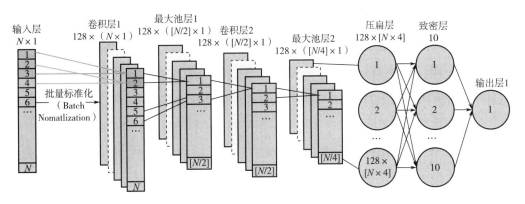

图 2-1 卷积神经网络筛选抗菌肽

任务。总的来说，许多多肽及其相关信息，如序列和活性，都是分散的。基于多肽的生物信息学资源可以促进各种肽的管理、搜索和挖掘，进一步加快多肽药物预测和设计模型的构建。因此，有必要构建高质量的肽基数据库来识别活性肽。

一般来说，构建基于机器学习的肽预测模型的过程包括 4 个不同的部分：数据收集、数据描述、模型构建和模型评估。最重要的步骤是收集高质量的实验数据，如下列数据库。

Peptaibol 数据库包含非常规的肽类，被称为肽阀类，其特征是存在一种不寻常的氨基酸，一种氨基异丁酸和一种 C 端羟基化氨基酸。在该数据库中，只有 10 个结构条目。通过构建隐藏的 Markov 模型，建立了 AMPer 数据库，可以识别单独的抗菌肽，如防御素和抗菌肽。AMPer 数据库包含 1050 个成熟肽和 255 个前肽。隐藏的 Markov 模型的高精度，使用户能够有效地识别新的抗菌肽作为候选药物。

防御素知识库是一个集中于防御素家族的数据库，是目前最大且研究广泛的数据库之一。数据库提供了超过 360 条单独的记录，其中包括来自蛋白质数据库的 64 个实验确定的三维结构。此外，该数据库还提供了脊椎动物、无脊椎动物和植物等 360 种防御素的详细序列、结构和活动信息。

作为一个环状蛋白的数据库，CyBase 致力于提供环状主链蛋白的序列、结构和功能数据，其中包含 260 个蛋白序列、50 个核酸序列、40 个结构和 95 个活性相关条目。与传统蛋白相比，环状蛋白似乎具有更好的稳定性和更强的结合亲和力。此外，CyBase 提供了一系列的工具，可以应用于可视化、分析、表征和工程循环蛋白。

PhytAMP 数据库从 UniProt 数据库和其他研究中收集了 270 个抗菌植物肽的详细信息。它包含的信息包括分类学、微生物学和物理化学数据等。此外，用户可以预测肽的结构或功能关系，并预测目标生物体，快速利用植物肽的生物活性。

微生物肽数据库从 NCBI 数据库中收集了 3800 多条抗菌序列，将其分割为实验验证数据集和预测数据集。实验验证的数据集通常被应用于构建预测工具,通过使用机器学习的方法来识别。微生物肽数据库的数据源已经扩展到 UniProtKB 和 PDB 数据库,达到 10240 多个抗菌肽序列,其中包括 4900 多个实验验证序列和 5400 多个预测序列。通过分析实验研究的抗菌肽,还生成了 50 个抗菌肽家族的家族特异性序列签名。与其他抗菌肽数据库相比,微生物肽数据库提供了真核生物和原核生物抗菌肽的家族特异性的详细信息。

YADAMP 数据库整合了来自所有可用生物来源的综合抗菌肽,包括植物、动物和人类。它明确地揭示了肽对最常见的菌株的抗菌活性。YADAMP 还包含数量最多的序列,其中大部分被证明对细菌具有抗菌活性。研究人员可以利用 YADAMP 中的数据来建立定量的构效关系模型。

通常,在训练分类模型之前,将准备两个数据集,包括一个正数据集和一个负数据集。为了将数据的化学结构描述为数字特征,将使用两种常见的描述方法,即分子描述符和分子指纹,它们可以通过机器学习方法进行处理。到目前为止,有许多工具可以用来计算描述符。特征选择是利用一些数理统计数据,然后应用机器学习方法通过相关软件构建分类模型。

在构建预测模型后,将计算性能指标,包括真阳性、真阴性、假阳性和假阴性。同时,通过以下方程得到灵敏度、特异性、精度等相关系数指标,并计算接收机工作特性曲线下的面积(AUC),以评价模型的性能。AUC 值的范围从 0 到 1,完美的分类器为 AUC = 1.0,而 AUC = 0.5 时,分类器没有鉴别能力。

抗炎肽和抗癌肽也是多肽药物的重要组成部分。与小分子相比,抗炎肽因其高特异性和最小的毒性而显示出更多的潜在治疗价值。至于抗癌肽,先前的研究已经表明,它们可以选择性地杀死癌细胞,以实现抗癌肽和癌细胞膜之间的静电相互作用。经过 Pubmed 的系统搜索发现,有一些关于抗炎肽和抗癌肽的预测工具被报道。

印度 Bhopal 研究所系统生物学组开发了预测模型,利用支持向量机和随机森林方法来区分抗炎肽和非抗炎肽。基于三肽组成的混合支持向量机混合模型在 10 倍交叉验证中准确率为 78%,MCC 值为 0.57。随机森林模型的性能优于支持向量机模型,准确率为 80.0%,MCC 值为 0.59。然而,支持向量机模型在验证集上的准确性和 MCC 值分别为 72% 和 0.45,均高于随机森林模型。因此,选择支持向量机模型作为默认模型,并选择随机森林模型作为附加选项。

IL-10pred,构建了用于预测潜在的白细胞介素 10 诱导肽的模拟。白细胞介素 10 是一种重要的细胞因子,它能够抑制炎症反应,缓解自身免疫性疾病,延长移植物存活。该服务器基于二肽组成的随机森林算法开发,准确率和 MCC 值最高,分别为 81.2% 和 0.60。

AIPPred 是最近开发的一个 Web 服务器,它专注于识别潜在的抗炎肽候选。在抗炎肽预测的过程中，采用极端随机树、支持向量机和随机森林方法结合所选择的最优特征构建分类器。AIPPRed 在独立数据集中的 AUC 值达到 0.814，比现有的抗炎方法和其他 3 种方法具有更好的性能。AIPPred 有利于抗炎肽的大规模预测，并促进抗炎肽研究的发展。

除了相关的数据库和预测工具外，仍有许多基于机器学习的计算研究，可以用来预测多肽的活性，尽管这些模型还没有集成到 Web 服务器上。此外，机器学习方法也与其他方法相结合，以提高多肽活性的预测能力。例如，自适应神经模糊推理系统模型，可以用来预测模式识别的抗菌肽。作为一种混合方法，其集成了神经网络方法和模糊推理系统，可以提高分类模型的性能。

此外，将机器学习方法与基因编程相结合，可以提高对抗菌肽的识别。例如 EFC-FCBF 方法，通过构建并选择更好的基于序列特征，来进一步识别抗菌肽，然后利用逻辑回归方法建立预测模型。EFC-FCBF 方法是表现最好的方法之一，为科研人员提供了一个全新的设计抗菌活性多肽思路。

通过回归模型预测的抗菌肽与实验验证结果一致性较高。基于三维描述符的思路，与以往使用传统的 1D 或 2D 描述符如 AAC、PCP 等开发的研究不同。总的来说，机器学习方法极大地促进了多肽的活性预测过程。

多肽的计算资源，以及策略，如机器学习技术，在开发肽药物中发挥着关键作用。近年来，这一领域的进展极大地促进了对各种疾病的活性多肽的鉴定。然而，它仍面临着进一步发展的挑战。

首先，用不同标准建立不同的多肽数据库，以不同的截断点来定义一个活性肽。其次，一些数据库不能提供多肽的详细结构信息，这使结合来自不同数据集的数据来开发分类模型变得困难。在未来，科学家们应该通过建立一些通用的规则，整合更广泛的数据源，来开发一个全面的数据库。

同时，从实验验证的非活性化合物中提取的高质量的负数据，可以提高基于机器学习的模型的性能。迄今为止，由于文献报道有限，很少有多肽数据库涵盖这类数据。我们应该鼓励科学家建立一个具有阴性肽的非活性肽数据库，该数据库应包含从已发表的论文或高通量筛选中验证出的任何无生物活性多肽。

此外，肽活性预测模型的性能，应该在权威的基准数据集上进行评估。目前，还没有建立这样的基准数据集，以用于对基于多肽的预测模型进行系统评估，它有待于在未来进行开发。

分类模型的预测精度，取决于训练集和测试集中大而多样的化合物。对于每个模型，都应该定义其模型应用领域。然而，大多数报道的肽活性模型忽略了这个问题。事实上，预测一个特定模型应用领域之外的多肽活性，是没有意义的。

与有机小分子相比，选择合适的分子描述符，来代表肽的特征是一项具有挑战性的任务，因为肽有更复杂的特征，如肽的多个手性原子。此外，由于预测缺乏详细的生物学或分子机制，大多数机器学习模型都像"摸象"一样。整合描述符可以呈现配符-蛋白质相互作用，可能为理解预测的详细分子机制提供一个见解。

最后，基于机器学习的模型可能会面临"过拟合"的高风险。避免"过拟合"风险的一种有效方法是，模型应该使用更相关的特性开发模型，并通过外部验证集进行验证。近年来，深度学习技术或组合分类器在合理发现药物方面显示出了巨大的前景，如预测药物-靶点相互作用和药物诱导的毒性。用深度学习算法或组合分类器替代传统的机器学习方法可以进一步提高精度。

2.3　蛋白质毒性预测

研究人员不只关注靶向药物传递系统，同时对开发活性肽疗法，也投入了大量工作。这背后的主要想法是锚定受体的特性，以开发基于多肽的治疗方法。由于这些大分子和小分子相比具有不同的物理化学性质，它们成为治疗疾病的一个重要领域。为此，机器学习和人工智能的应用，已经开发了各种计算模型来推测蛋白质结构。通过分析蛋白的性质和结构，研究人员旨在讨论一些蛋白质毒性的机制，从中可以得出治疗的启示。

世界范围内，已经存在许多模型，强调自己是蛋白质大分子毒性预测的最重要模型。它们中很少有能与其他预测蛋白毒性模型相对竞争，并令人信服地给出高性能的准确性结果。它们的基础是相当模糊的，在构建机器学习模型时，在毒物蛋白质组学数据的利用水平上发现了不同的方法。

计算机技术已经在蛋白质组学和药物设计方面广泛应用，以识别和表征多肽和蛋白质的治疗和毒理学特性。通过将这些技术应用于蛋白质功能预测、酶功能预测、有毒蛋白/肽的鉴定和表征，可以很容易地进行蛋白质组学解析。

检测活性多肽的毒性，在多肽类药物发现中发挥着不可或缺的作用。然而，它非常耗时，且需要耗费大量人力。为了避免这些限制，计算建模和模拟方法被广泛使用，例如，在药物发现的初步阶段，利用计算方法预测基于蛋白质组学的毒性数据分析。

近年来，人们对开发活性肽作为潜在候选药物兴趣益然。多肽已经成为对抗多种疾病的潜在治疗方法，包括癌症、糖尿病和心血管疾病。高特异性、高组织穿透率和相对较低的生产成本，使多肽药物成为可以和小分子与抗体相媲美的治疗方法。

体内和体外的实验毒理学方法，可以用于评估未知蛋白质或多肽的毒性。现在，由于考虑评估成本、实验动物使用量大等因素，人们更倾向于将分子建模和机器学习等电子技术应用于蛋白质毒性表征预测。此外，与小分子相比，多肽可以很容易地进行修饰。然而，免疫原性、毒性和稳定性是多基础治疗需要面对的主要问题。

随着多肽合成的发展，现在可以通过结合几种化学修饰来调整多肽的物理化学性质，从而优化多肽的功能，在不损害其药理活性的情况下减少毒性。此外，一些用于多肽毒性预测和蛋白质治疗设计的计算工具已经被开发出来，这有助于对具有预期物理化学特性的治疗肽进行建模和预测分析。

毒性评价对多肽药物的治疗开发和批准至关重要。"蛋白质毒素"通常被认为是一种特定类型的蛋白质或多肽，作为一种大分子，会对生物机体造成伤害，或通过破坏细胞生长的正常周期损害细胞的功能。这种蛋白质毒素通常在结构上表现出内在的无序性，蛋白质结构的构象变化可能是活细胞或生物体内蛋白质毒性的主要原因。这些毒素是身体生理改变的原因，所以蛋白质毒性是其致病性的根本原因。

生物大分子是维持身体组织和器官的结构、功能的主要工具，因为它们同小分子相比具有不同的物理化学性质。因此，生物大分子药物成为疾病治疗及诊断的一种重要手段。多年来，几种理解、预测和预防蛋白质对人类和其他生物体的毒性的计算方法已经越来越受到青睐。

监管机构和制药公司通过评估蛋白质毒性，然后评估蛋白质毒性转化为无毒和功能性的原生状态，关注基于蛋白质的疗法，以应用于治疗多类疾病。神经退行性疾病的主要原因之一是存在蛋白质毒性。大多数神经退行性疾病的患者，如帕金森症、阿尔茨海默病和亨廷顿病等，大多在蛋白质和蛋白质毒性的结构上显示构象畸形，这是其致病的关键机制之一，尽管其病理机制仍是一个有待研究的问题。

多肽在生物活性、特异性、低生产成本和高渗透率方面优于小分子药物，越来越多的多性多肽被开发出来，治疗自身免疫性疾病、癌症、神经退行性疾病等。同时，为了提高研发效率，多种计算方法被用来设计更好的治疗用多肽，在保留其治疗功能的同时，降低潜在的蛋白质毒性。

由于成本效益和准确性，研究人员已经开始使用机器学习来预测蛋白质毒性。随机森林、遗传算法和人工神经网络等算法的组合也被用于优化现有的定量结构-毒性关系模型，以预测基于蛋白质的药物的毒性。

后基因组时代发现的生物序列的爆炸性增长，促进了人工智能方法在基于蛋白质组学的蛋白质、多肽的物理化学、治疗和毒理学特征的预测分析中的适用性的巨大提高。为了及时利用大量的蛋白质组学数据进行肽类药物开发，人们通过各种序列生物信息学工具推断出大量的序列信息，如细胞网络中的蛋白质-药物相互作用、蛋白质-蛋白质相互作用、重组点。

序列蛋白质组学和结构蛋白质组学的快速发展，产生蛋白质组学的原始数据。为了解决这些蛋白质组学的大数据，机器学习及人工智能等技术的应用，可以及时评估更好的基于多肽的治疗效果，评估其是否具有理想的物理化学特性。

阐明毒性蛋白质组学大数据，存在很多未解的问题与挑战，迫切需要一个有效的机器学习策略来解决。受人类脑启发，神经网络和深度学习等多种计算方法出现。另外也有寻求更复杂生物学数据的方法，如利用峰值的神经元模型，通过神经连接可塑化结合时间和空间的概念，或更复杂的方法，如带峰值神经元的深度学习方法。这些方法正在有效地应用于化合物筛选和高效物体识别。

基于上述情况，人工智能及机器学习预测性蛋白质毒性模型的不同方面的几个关键点如下：毒理蛋白质组学数据的整理；用于模型开发的各种人工智能及机器学习方法；将蛋白质毒性预测工具和基于网络的应用程序，用于大分子毒性预测；蛋白质毒性预测模型的性能。

预测性蛋白质毒性机器学习模型，必须有大量的例子，如蛋白质毒性预测建模数据集，以便分类器算法在收集高质量的蛋白质毒素数据时从中学习。蛋白质毒素在过去的十年中得到了广泛的研究，有很多文献信息。这些信息已经被几个数据库存储、注释，并易于检索，以服务于科学研究。

（1）蛋白质特征描述。

蛋白质毒性预测是一个非常复杂的问题，它经常在 4 个不同的层次上被分解和攻击：蛋白质毒素沿氨基酸一级序列的结构特征的一维预测；利用毒性肽的二级结构对氨基酸之间的空间关系进行二维预测；蛋白质毒素三级结构的三维预测；多蛋白毒素复合物的四级结构的四维预测。

在毒性蛋白预测分析的机器学习模型的开发过程中，毒性蛋白/肽数据管理是一个重要的部分，蛋白质一级序列形式的原始数据可以通过几个免费的数据库收集，如 UniprotKB 数据库、蛋白质数据库（PDB）、蛋白质信息资源库等。UniprotKB 数据库是免费访问的，并包含高质量的蛋白质治疗信息收集。首先，有毒蛋白的蛋白质序列数据可以从 Swiss-Prot 中收集，这是 UniProtKB 的一个回顾子数据库，包含手动注释的蛋白质记录、从文献中提取的信息和管理员评估的计算分析。有关有毒蛋白的数据，可以通过相关的关键字搜索来收集，也可以使用数据库中可用的高级搜索功能，借助手动管理，从数据库中提取信息。

通过直接从数据库下载，或通过在文本文件中粘贴蛋白质一级序列，手动生成训练文件，可以将蛋白质毒素一级序列数据集的形式保存为 FASTA 文件。由蛋白毒素一级序列组成的 FASTA 文件需要对数据进行清理和预处理，然后进行下一个机器学习模型开发步骤，即特征向量提取，或从有毒蛋白序列中合成数值向量。

蛋白质或肽的毒性通常以其二级结构为特征，其中最典型的特征是几何规则的 α 螺旋和 β 折叠；不规则的结构模式，如"转弯"和"环"还不太清楚。基于这些二级结构参数，可以通过应用机器学习技术来分析蛋白质结构的毒性特性。

为了使用 DSSP 程序提取二级结构特征，可以使用蛋白质毒素晶体结构的 PDB 文件作为输入。PDB 文件提供了 α-C 原子的坐标，这些坐标可以勾勒出整个有毒蛋白质最大的三维形状。毒性蛋白质的结构数据可以从 PDB 中获得。

PDB 文件或蛋白质晶体结构的三维信息，可以用于基于机器学习的预测模型的开发，但毒物蛋白质组机器学习模型的开发还不够，因此需要科学家做更多的关注和努力。毒性蛋白质或多肽的理化学性质，在得到实验方法的支持下，可以用来建立一个机器学习模型来预测未知蛋白质的毒性性质。

在收集了与目标研究目标相关的毒物蛋白质组学数据后，下一步是细化收集到的数据，即进一步进行机器学习和神经网络建模所必需的预处理任务。

对于机器学习模型的开发，应该确保数据集是多样化的，同时应该具有更少的冗余数据。为了将不相关的数据从数据集中分离出来，数据预处理和数据转换，可以通过不同的方法进行，即对蛋白质序列或蛋白质结构数据进行过滤和排序，验证蛋白质序列转录水平的实验证据，通过各种可视化工具进行晶体结构可视化，如 PyMol，以确认各种二级结构的存在，如 α 螺旋和 β 折叠，从不同的来源提取不同文件格式的序列及结构数据，然后处理文件，以使存储数据文件保持一致性，并进一步确保在使用编码环境时，处理数据文件的便利性。

在开发毒性预测的预测模型时，蛋白质序列不能直接作为机器算法的输入来训练或验证模型。因此，如果序列或序列中随片段一起存在模糊的氨基酸，它将在训练或测试数据集中作为变量的描述符中表示。因此，细化数据可以直接影响性能，而不是模型优化，这是其中一项关键的任务。

在处理有毒蛋白的三维结构时，可以使用诸如分辨率比、过滤掉理论模型更差或更好的标准。基于图像的深度学习算法，具有独特的结合特征提取和分类阶段的结构，也被部署用于预测蛋白质功能，因此在使用基于图像的蛋白质结构、功能、毒性预测等预测模型时，所有的三维蛋白质结构，也需要转换为可以作为神经网络输入的格式。

蛋白质或多肽特征，是以数值特征向量的形式，可作为设计预测模型的输入所需的关键元素。蛋白质或多肽特征，可称为氨基酸的组成、蛋白质二级及三级结构的结构特征组合，以及以数值向量形式编码的蛋白质的物理化学特征。在机器学习中使用的算法通常需要数值特征，来开发一个合适的模型。

现已有多种技术广泛用于以文本格式表示每个氨基酸。为了考虑到氨基酸残基的耦合和特定序列中的局部序效应，可以使用双肽组成。双肽组成是一个二肽的分数除以给定蛋白质序列中可能的二肽总数。这就产生了一个 400 维的训练向量。为了从有毒蛋白序列中提取双肽组成，可以使用 PyFeat、PseAAC 等工具。

伪氨基酸组成（PseAAC）通过各种伪成分如疏水性、亲水性和侧链质量值与传统氨基酸默认生成 50 个描述符的特征向量，其中 PseAAC 特征向量的前 20 个元素代表传统的氨基酸组成向量。

特定位置的评分矩阵，可以通过位置特定迭代爆炸的评分矩阵方式获得。该矩阵包含 20×N 个元素，N 是查询序列的长度，每个元素表示对其中特定位置的特定残基替换的频率，以生成固定长度的输入向量，用于模型训练。

特定位置的评分矩阵包含 3 个不同的特征集：第一种是由每个有 5% 序列的块上的平均配置文件组成；第二个特征集更关注具有转换率相似的结构域；而第三个特征集考虑了使用原始蛋白质序列的探测残基的物理化学性质。其中，第二个特征集被证明具有最有效的蛋白质预测功能。该特征向量捕获了蛋白质序列上多个物理化学基团的保守性。蛋白质残基的理化性质包括极性、疏水性、归一化范德华体积、极性、电荷和分子量。

（2）特征向量预处理。

数据清理是检测和修复粗数据的过程，是预测建模中长期面临的挑战。如果不这样做，可能会导致误导性的分析。处理缺失值、识别和删除异常值、删除重复值、处理数据输入中的不一致性，可以有效避免容易的出错和不相关的属性。

处理缺失值：这个过程可以用来检查特征向量的完整性，即确认在构建的有毒蛋白质组学描述符的向量中是否有任何缺失的值，一般只须删除其中包含缺失属性的任何行或列，或者生成诱饵属性来替换这些缺失的值。用缺失的属性替换值，以确保特征向量的完整性，是计算过程中重要的一步。

识别和删除异常值：为了保证任何机器学习算法中输入毒素数据的数据质量，检测异常值是非常有用的，可以提高模型的可靠性和可预测性。机器学习算法在训练模型时，受到异常值存在的极大影响。这背后的原因是，异常值可能会被忽视，因为它远离数据集的正态分布。四分位数范围评分、z 分数、基于接近度的模型和高维离群值检测方法，是离群值检测的一些常用方法。

删除缺失值：数据应该规范化，以适应在特定范围内的数据。归一化是一种预处理技术，用于重新调整属性值，以适应一个特定的范围。在处理不同单元和尺度的属性时，输入数据的规范化非常重要。虽然构建机器模型或其他数据挖掘方法的应用，但需要对输入进行规范化，否则模型将是不完整的。这可以保证权重和偏差的稳定收敛。为此，可以使用诸如重新缩放、十进制缩放或标准化等方法。

MinMax 归一化：这种方法也被称为 MinMax 缩放。它将特征缩放到位于给定的最小值和最大值之间，通常在 0 ~ 1。该方法不处理异常值，但确保所有特性都具有相同的规模。

z 分数归一化：该方法确保输入特征向量的每个元素被转换为输出特征向量，其均值和单位方差为零。它在计算经验平均值方面有一些局限性，而标准偏差异常值由于每个特征的大小不同而会受到影响。因此，它不能保证在存在异常值时的平衡特征尺度。

（3）数据集划分。

有了所有计算出的有毒蛋白描述符，最终的数据集可以分为测试集、训练集和验证集。数据集的划分可以使用分层分类器程序以一定的比例进行。这将提供一个训练集（应用于建模）、测试集（用于测试模型的预测精度）和验证集（用于验证数据集）。

在计算了与有毒蛋白相关的描述符后，根据需求，可以从整个数据集中选择最可靠的最佳描述符。毒性蛋白相关描述符的结果不应该太多，因为它会导致模糊性，并降低模型的准确性。因此，描述符的选择是一个重要的步骤，它将影响模型的最终预测性能。

特征选择也被称为变量选择或属性选择。它是与预测建模问题最相关的自动选择数据属性。特征选择不同于降维分析，这两种方法都试图减少数据集中变量的数量，但降维分析通过创建一个新的属性组合来实现，而特征选择包含和排除数据中存在的属性，而不改变这些属性。变量选择的目标是提高预测因子的预测性能，提供更快、更具成本效益的预测因子，并更好地提供对底层过程的理解。

Boruta 算法作为一种围绕随机森林的包装算法，是一种集成方法，通过对多个弱决策树的无偏弱分类器，进行投票来进行分类。这些树是在训练集的不同装袋样本上独立开发的。该算法试图通过分类器的性能迭代选择特征，来寻找最优特征子集。它从一个空的特征子集开始，在每一轮中添加一个特征，这一个特征是从特征子集中的所有特征池中选择的，当添加时，会产生最好的分类器性能。对于每个特征子集组合进行训练和交叉验证的模型非常重要，而且这种方法比方差阈值等过滤器方法要昂贵得多。

递归特征消除可以递归地删除特征，使用剩余的属性构建一个模型，并计算模型的精度。递归特征消除可以计算出有助于预测目标变量的属性组合。非线性核的递归特征消除算法，允许对变量进行排序，但不比较特定迭代中所有变量的性能，这可以解释结果与响应变量的关联，这种关联的大小，是生物医学研究的本质。该算法的最终输出是一个排序列表，并根据变量的相关性进行排序。

特征子集的选择可以使用遗传算法来完成。实用模式分类和知识探索存在的组学数据，需要选择特征或属性的子集来代表模式分类，这种遗传算法，是一种启发式方法，借鉴达尔文的自然进化理论选择，是通过基于适应度过程开发的实例。

（4）模型开发与验证。

统计分类是机器学习研究的一个主要问题。它是一种监督学习，是一种机器学习的方法，其中类别是预定义的，并用于将新的概率观察分类为预定义的类别或类。当只有两类时，这个问题被称为统计二元分类，其中研究的目的是分类或预测给定的未知序列/结构是否属于所述有毒蛋白类别的类别。有许多建模技术可用于基于分类的预测模型，其中支持向量机、随机森林、朴素贝叶斯分类器和人工神经网络，在大多数模型中都是首选的，具有较高的准确性。

模型验证，主要是为了评估了由训练数据集生成的模型的性能。性能评估可以通过 k 倍交叉验证和独立的测试集来完成。在 k 倍交叉验证中，原始数据集需要被划分为 k 个子集（通常是 5 个或 10 个子集）。在 k 个子集中，$k-1$ 子集作为训练集，剩下的单个子集作为验证数据，来测试训练模型。然后，这个过程将重复 k 次，每个子集将恰好用于验证一次。在执行 k 倍交叉验证后，可以将经过训练最好的模型用于测试。为了评估生成的模型的准确性，可以使用以下统计措施：灵敏性、特异性、准确性和阳性预测价值。

灵敏性被定义为有毒蛋白被正确预测为有毒蛋白的百分比。特异性是指被正确预测为无毒蛋白的无毒蛋白序列的百分比。准确性是正确预测占预测总数的百分比。阳性预测值是指分类器报告的作为有毒蛋白的序列是有毒蛋白的可能性，其中，真阳性是被正确识别的有毒蛋白；真阴性是被正确识别的无毒蛋白；假阳性是被错误预测为有毒蛋白的无毒蛋白；假阴性是指被错误归类为无毒蛋白的有毒蛋白。

（5）在线毒素蛋白预测应用工具。

ToxinPred 是一种预测肽毒性的计算方法。该工具只能预测小的多肽毒素。ToxinPred 下提交模块预测，将上传的肽序列分类为有毒或无毒类，ToxinPred 模型以蛋白质序列的双肽组成为一组特征，预测准确率约为 95%。ToxinPred 主要功能如下。① 设计肽：该模块允许用户生成其肽的所有可能的单一突变类似物，并预测该类似物是否有毒。② 批量提交：ToxinPred 的此模块，允许用户预测提交的有毒肽的数量。③ 蛋白质扫描：该模块生成用户提交的所有可能重叠的肽及其单个蛋白质突变体类似物，它还可以预测重叠的肽/类似物是否有毒。④QMS 计算器：该工具允许用户以 FASTA 格式提交查询肽，并根据基于定量矩阵的位置特异性得分优化肽序列以获得最大/最小/所需毒性。它将帮助用户调整前体肽的任何残基，以获得具有所需性质（最高/最低毒性）的类似物。

ToxClassifier 毒素分类器可作为一个基于 Web 的应用程序使用，或作为一个独立的工具来分类毒素，并下载无毒的蛋白质序列。ToxClassifier 模型对从 PDB 获得的 8093 个蛋白质序列的动物毒素和毒液数据集进行训练，显示了 96%的准确性。

ClanTox 是一个基于 Web 的小动物毒素分类器机器学习应用程序。该应用可用于预测毒性肽，特别是用于分析动物的毒性蛋白质组学数据。对毒素序列的额外分析也可以使用这个应用程序进行，如基于直方图的预测分析。ClanTox 的分类器，是通过从一组人工审查的一组离子通道毒素抑制剂中获得的一组真实例和假实例开发的。从有毒或非有毒的设置中，对于给定的序列输入列表，ClanTox 系统预测每个序列是否可能为毒素。该工具由增强的残端分类器支持，并使用序列导出的全局特征来预测小动物毒素。ClanTox 还根据统计数据，提供了一份根据置信度排名积极预测的候选者列表。

NNTox 通过基因本体论术语注释来预测蛋白质的毒性，是一种由五层前馈神经网络支持的蛋白质毒性预测方法。该方法的性能准确率约为 82%，MCC 值为 0.8，F1 评分为 0.77。该方法还扩展到预测序列输入的特定毒性类型的多标签模型。

2.4　蛋白质-蛋白质相互作用的预测

分析蛋白质-蛋白质相互作用，对于有效的药物开发至关重要。大多数蛋白质注释方法都使用范围有限的序列同源性。高通量的蛋白质-蛋白质相互作用数据，随着数量的不断增加，正在成为新的生物学发现的基础。生物信息学面临的一大挑战是管理、分析和建模这些数据。因此，计算模型被开发出来，可以同时预测一个地方的多个参数。

人工智能计算方法，被用来研究蛋白质-蛋白质相互作用和蛋白质-蛋白质非相互作用，尽管前者被认为比后者更具信息性。蛋白质-蛋白质相互作用预测可分为直接预测、具有间接功能关联的直接作用和信号转导途径的作用。

机器和统计学习方法，如 k 近邻、朴素贝叶斯、支持向量机、人工神经网络、决策树和随机森林，被用于预测蛋白质-蛋白质相互作用。贝叶斯网络的使用已被应用于预测蛋白质-蛋白质相互作用，主要使用基因共表达、基因本体论和其他生物过程相似性。使用贝叶斯网络的数据集集成产生了精确和准确的蛋白质-蛋白质相互作用网络。

PCA-ELM，一种仅使用蛋白质序列信息，预测蛋白质-蛋白质相互作用的新型层次模型主成分分析集成极限学习机，已成为一种强大的工具，可以提供准确且持续时间更短的输出。

在哺乳动物细胞中，信号转导主要由非结构基序和球状蛋白结合结构域之间的蛋白质-蛋白质相互作用控制。为了预测多个蛋白质家族中的这些球状蛋白结合结构域，人们开发了定制的机器学习工具，称为层次统计机械建模。

PPI_SVM，是一种基于机器学习、结构域特征和频率表的蛋白质-蛋白质相互作用预测工具。其中，由于已解决的复杂结构的数量不断增加，已经开发出一种多体线程方法

MULTIPROS PECTOR。在这种方法中，重新设计具有已知模板结构的蛋白质，并建立它们与其他蛋白质的相互作用、界面能和 z 评分。

除了同源性建模之外，基于结构的线程逻辑回归工具 Struct2Net，是第一个基于结构的蛋白质-蛋白质相互作用预测平台，可用于评估相互作用概率。Struct2Net，基于基因簇的方法，计算由相同基因簇编码的查询蛋白的直向同源物的共现概率。这种方法也被命名为领域/基因共现。如果两种蛋白质的基因在基因组中不相近，那么这种方法就不能可靠地预测这两种基因之间的相互作用。

（1）通过诱导折叠引导药物靶向蛋白质。

深度学习方法的实现，在解决蛋白质折叠问题方面取得了显著进展，即基于氨基酸序列预测蛋白质链所采用的 3D 结构。

AlphaFold 用 PDB 报道的蛋白质结构，训练一个多层卷积神经网络，并生成适合精确预测残基对之间距离的 3D 模型。这种预测是基于成对共进化信息的 2D 阵列表示，其前提是如果两个残基的进化在多序列比对中相关，那么它们很可能在空间上相关。进化信息与残基分析相连接，包括氨基酸同一性和二级结构预测。距离约束，即从一层到下一层的局部传播是通过逐步扩展的卷积运算实现的，其中，卷积滤波器允许合并，通过扩展滤波器的感受视野来合并周围参数。

蛋白质结构预测假设链采用 3D 结构，对于一个蛋白来说，该结构是独特的。在实践中，许多蛋白质不能自主折叠，其结构不是唯一的，而是依赖于与伙伴蛋白的结合来保持其完整性。事实上，多因素密切相关的折叠集合中选择蛋白质折叠，将其命名为诱导折叠集合。

抗体通常表现出抗原诱导的构象多样性，而构成药物靶向标志的蛋白质通常具有各种复合形式，这取决于它们所结合的配体/药物。

诱导折叠意味着蛋白质依赖于结合伙伴来保持结构完整性，配体从诱导折叠集中选择构象。因此，为了描绘诱导折叠集的基于深度学习的预测器的合适的卷积神经网络架构，需要首先确定结构完整性损失的起因。由于主链氢键是蛋白质结构的决定因素，很明显，主链酰胺和羰基的水合作用与分子内氢键的形成竞争会产生结构破坏效应。

蛋白质的完整性，取决于结构本身或复合物内是否能够防止主链水合，以及一个蛋白质折叠自主程度，或其对聚合蛋白关系的依赖程度。

未包覆的主链氢键构成了一种结构缺陷，称为脱氢，在主链氢键周围聚集的侧链非极性基团数量不足，从而使脱氢暴露于破坏结构的水合作用中。延伸的未包裹区域，如脱氢簇，具有很高的无序倾向，因为骨架水合作用可能优先于结构形成。因此，诱导折叠可以被解释为对结合配体的最佳结构适应，以确保对未折叠区域的最大屏蔽。

脱氢或包裹可以根据蛋白质的结构坐标来计算，并且该计算可以结合在深度学习平台的特征提取工作流程中。为此，该结构域定义了训练报告结构中的主链氢键微环境。脱氢烃被边缘包裹，位于结构数据库中主链氢键中 w 值分布的尾部。蛋白质结构中的脱氢酶破坏了其完整性，并促进蛋白质结合，以此来排除周围的水。通过这种方式，脱氢成为蛋白质结合的决定因素，因为通过减少电荷筛选，从脱氢微环境中外源性去除水可以加强和稳定主链氢键背后的静电相互作用。

关于脱氢在蛋白质复合物界面的分布，大量生物信息学证据支持这一观点，指出脱氢是驱动复合物形成的关键因素，富含脱氢的区域是灵活的，因此容易经历结合诱导的折叠。诱导折叠状态的先验推断对于理性的药物设计者来说至关重要，寻求通过导线优化来控制药物亲和力和特异性，以从诱导折叠集中选择完整形式。

利用深度学习平台，预测诱导的构象取决于特征提取阶段蛋白质链的包裹形式。结构包装必须适用于张量表示，其中信息是可描述的，并在分层架构内的数字条目的多维数组上进行处理。因此，指导药物设计过程，以靶向结合能力诱导折叠涉及使用靶蛋白的初级序列作为输入来推断诱导折叠集。

AlphaFold 和其他结构预测模型相比，残基需要结合一个关键的额外信号进行分析，基于序列的内在无序预测是一种描述当蛋白质被分离时，沿链的内在非结构化倾向的描述符。预计将出现混乱的地区，将依赖具有约束力的聚合蛋白，以改善主链氢键的包裹，使其达到可持续的程度。

为了诱导折叠集基于序列的推断，需要将无序评分信号集成在残差分析中。如果蛋白质被视为自主折叠物，螺旋将部分不可持续，并且可以根据配体的不同，通过诱导折叠而部分破坏或扭曲，就像重叠区域的情况一样。

由主链氢键配对的残基，用成对共进化信息输入的 2D 阵列表示。如果两个残基的进化在多序列比对中相关，那么它们很可能在空间上相关。虽然结构张量表示允许在具有张量流的深度学习平台中进行适当的处理，但张量应被解码为 3D 渲染，指定包裹残留物相对于主链氢键的相对空间位置，以使片段结构连接到它上面。

（2）通过诱导靶向折叠进行药物设计。

合理的药物设计面临诸多困难，往往达不到预期。这主要是因为靶蛋白通常不是固定的靶点，它们在结构上适应配体的方式很难预测。这就引出了药物诱导的折叠问题，这项工作旨在推动人工智能平台内的药物开发。

深度学习模型能够推断蛋白诱导折叠的可能性，重新调整用途，可在用于特征提取的分层结构中结合扩张卷积，这对于将非局部结构添加到诱导折叠的预测中很关键，因为在深度学习处理的特征提取阶段，每个层输入的感受域根据给定卷积核或滤波器的膨胀参数的值而逐渐放大。

基于药物的靶向治疗，旨在阻断特定功能失调的蛋白质，由于诱导折叠，这是一种难以预测的现象，通常会产生意想不到和不希望的交叉反应，同时使预期的靶点难以被分子识别。深度学习可以通过控制靶蛋白中诱导的折叠来指导药物设计以达到治疗效果。

通过在过滤器的指导下，对亲本支架进行化学修饰，来消除潜在的有害交叉反应，可以在诱导折叠集的全基因组检查的指导下，引入新的、治疗上理想的交叉反应。

深度学习系统旨在指导药物设计，以诱导靶向结合能力蛋白构象。药物或配体对诱导折叠的控制需要深度学习平台，该平台与蛋白质折叠预测因子不同，整合结构紊乱的信号以预测依赖于有意设计的聚合关系来维持结构完整性的松软区域的构象。这些区域的构象多样性产生了诱导折叠集，通过深度学习指导的药物设计从中选择靶向构象，从而实现具有治疗意义的药物-靶标复合。

在过去的几十年里，机器学习方法已经应用于制药和毒理学研究中的许多数据集，以实现前瞻性预测，并可能提高效率，最大限度地降低测试成本。

第3章
人工智能让结构性质预测变得简单

药物发现是一个漫长而昂贵的过程，通常被描述为大海捞针。其中，我们需要找到一种完美的化合物，它满足许多标准，包括生物活性、药物代谢和药代动力学特征、合成可及性等。从药物发现项目的初始化到确定临床前研究的候选药物的过程通常需要 3~5 年，需要合成和测试成百上千的化合物。

一个药物从研发到最终上市需要经历十分漫长的过程，新药研发从最初靶点的确定、候选药物的发现和优化、再经过系统的临床前和临床研究到最终上市销售，其中需要付出巨大的人力和物力，更需要耗费漫长的时间。药物研发需要面临大量错综复杂的研究数据，研究人员需要通过对研究数据的跟踪、分析和处理来及时调整新药开发的方向和进程，每一个决定都关系到一个药物是否能最终推向临床应用。药物研发的过程花费巨大、时间漫长，一个药物从发现到上市需要 10~20 年的时间，例如对于化学药物来说，大约每一万个分子中，只有不到 10 个分子可以被选为候选药物进行临床研究，而能顺利通过临床研究的只有不到 10%。在创新药物研发的实践中，出于各种原因而被迫终止的新药研发案例不胜枚举，在药物研发的任何环节出现问题都有可能导致该项目的终止，即使一个药物已经到了后期的临床研究，离上市只有一步之遥，也可能因为安全性等问题而被迫终止研究，这也意味着前期所有的努力和付出都将付诸东流。

随着可成药靶点的逐渐枯竭，对于新药的要求越来越高，因此目前新药研发的难度以及研发所需投入也在不断增加。在目前药物研发的过程中，如何提高药物发现和临床研究的成功率是药物研发机构重点关注的问题，在前面论述中，我们已经介绍了人工智能相关技术在药物研发各个领域的应用，可以说人工智能目前已经渗透到了药物研发的各个阶段，为药物研发提供助力。

当然人工智能在药物生产过程中的应用也受到了越来越多的关注，随着"工业 4.0"的不断推进，以药物智能制造为内涵的"制药工业 4.0"也越来越多被提及，人工智能等相关技术在药品生产作业、质量管控、物流仓储以及制药企业的其他管理方面都具有很好的应用前景。当然目前我国的药品智能制造仍处于初期发展阶段，但随着制药企业加快制药装备的智能化升级改造以及不断推进药品生产过程的智能化，我国药品制造行业智能制造水平将迎来质的提升。

3.1　新药创制过程概述

总体来说新药的创新大致可以分为两个阶段：新药的发现阶段和新药的开发阶段，而新药的开发阶段还可进一步细分为临床前研究、临床研究以及新药上市 3 个阶段（图 3-1、图 3-2）。

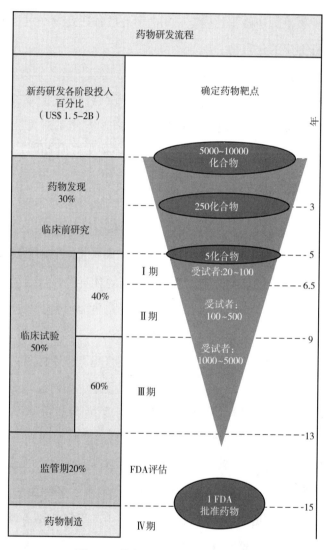

图 3-1　药物研发耗时及资金投入

药物发现过程主要包括靶分子的确定和选择、苗头化合物的筛选，先导化合物的发现以及先导化合物的优化，经过这几个过程后就可以得到临床前候选化合物，这是新药研究中的重要节点。

临床前研究：临床前研究主要包括药物的制备方法以及药物有效性和安全性的初步评

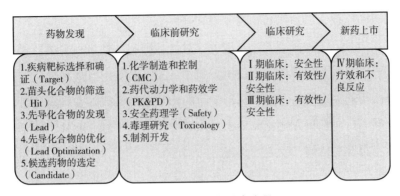

图 3-2 药物研发基本流程

价，工业化制备及工艺研究是新药研发的重要内容，以实现药品的稳定以及大批量的制备为目标，以期满足后续的临床前和临床研究使用，也为后续新药的工业化生产奠定基础。临床前的药物评价主要包括药效学和药代动力学、安全性和药物毒理学评价，临床前研究主要是确认药物的安全性和生物活性，并为后续的临床试验研究提供依据。

临床研究：通常临床研究可分为 Ⅰ—Ⅲ，Ⅰ期临床研究主要针对药物的安全性、耐受性和体内药代动力学性质开展，通常是在健康志愿者身上进行实验，受试者人数要求 20～30 例。Ⅱ期临床试验主要评价药物的治疗效果和安全性，需要在患者身上开展，受试者人数要求 100～300 例左右，通过与对照药物对比，了解受试药物的治疗价值和安全性，确定新药的适应症以及最佳的用药方案。Ⅲ期临床试验通过随机、双盲对照试验，进行更大规模、较长时间的临床试验，受试者均为适应症患者，人数要求大于 300 例，确定药物的疗效并监测可能出现的副作用。

药物上市：完成上述研究后就可以递交新药上市申请，获批准后即可上市销售。药品上市后仍需要对其长期的安全性和有效性进行监测，即上市后研究或称为 Ⅳ 期临床试验。

人工智能技术在药物研究方面的应用，能够回答药物化学家和生物学家两个关键的问题："下一个化合物应该是什么"和"这个新结构的成药性怎么样"。

在过去的 20 年里，出现了许多用于计算药物发现、定量构效关系（QSAR）方法和自由能最小化技术的技术和工具。例如，使用机器智能方法区分复合细胞活性，如决策树、随机森林方法、卷积神经网络、支持向量机、长短期记忆网络和梯度增强机。在上述模型中，化合物通过简化的分子输入行输入系统表示为字符串，并直接用作输入数据，而不是任何化学描述符，并充当自然语言处理。对单个数据集（z 分数 = 3）和整个数据集（z 分数 = 5 或 6）使用两种不同的截距，再引入多种不同的指标，用于评估模型的精度、准确性、曲线下面积，验证该梯度提升机能够实现数据的均衡分布。

传统的以化学为导向的药物发现和开发概念与计算药物设计相结合，提供了一个伟大的未来研究平台。此外，世界各地的系统生物学和化学科学家与计算科学家合作，开发现代机器学习算法和原理，以加强药物的发现和开发。

经典的机器学习方法和深度学习方法可以对复合细胞活性进行分类。类似地，使用双构效关系方法可以预测有效渗透率，使用偏最小二乘（PLS）方案和分层支持向量机方案可以开发经典的构效关系模型和基于机器学习的构效关系模式。在训练集、测试集和统计分析方面，分层支持向量机方案比偏最小二乘方案执行得更好。此外，对于新化合物的合成，化学科学家很容易依赖已发表的文献。

3.2 理化性质和生物活性的预测

每种化合物都与溶解度、分配系数、电离度、渗透系数等物理化学性质有关，这些参数会影响化合物的药代动力学性质，以及药物与靶点结合效率。因此，在设计新型药物分子时，必须考虑上面提到的化合物的物理化学性质。为此，已经出现了不同的基于人工智能的工具来预测化合物的物理化学性质。为预测化合物的生物物理和生物化学性质而开发的基于人工智能的工具包括分子指纹、SMILES 格式、库仑矩阵和势能测量，这些工具可用于深度神经网络训练阶段。可以说，基于人工智能的方法通过预测物理化学性质在药物发现和开发中发挥着重要作用。

药物分子的治疗活性，取决于其与受体或靶标的结合效率，不能显示出与药物靶标结合能力的化学分子将不被视为具有成药性。因此，预测化学分子与治疗靶点的结合性质对药物的发现和开发至关重要。人工智能算法的最新进展增强了结合一致性预测的过程，该过程利用了药物及其相关靶标的相似性特征。现已出现了多种基于网络的工具，如 Chem-Mapper 和相似性集成方法。

自 20 世纪 60 年代以来，药物化学以各种形式将人工智能应用于设计化合物，并取得了不同程度的成功。监督学习被广泛应用，其使用标记的训练数据集来训练模型。一个例子是定量结构-活性关系（QSAR）方法，该方法被广泛用于预测给定化学结构的性质，如 LogP、溶解度和生物活性。而不依赖标签的无监督学习在药物化学中也很流行，分层聚类、算法和主成分分析等例子被广泛用于分析大型分子库，并将其分解为类似化合物的较小集合。

将人工智能和机器学习方法，应用于药物发现的最终目标是：找到最突出的药物，以满足医疗需求。特别是对于药物发现和药物化学，这涉及识别药物靶点、识别先导化合物、针对感兴趣的多种性质优化其设计以及识别实现物质组成的合成路线。

人工智能通常被视为一个神奇的按钮，可以随意按下以产生完美的输出，通常与输入无关。人工智能的挑战是从一个根据猫的图像训练的模型中设计出一只猫的完美图像，或是一辆能够在不犯任何错误的情况下自行驾驶的汽车，或是一种可以安全有效地治疗疾病的药物。虽然人工智能并不是所有挑战的答案，但它是一种有用的工具，如果使用得当，可以帮助增强当前的理解并推动新的发现。在药物化学和药物发现中，最好的人工智能不一定是能够自主设计新药的单个人工智能，而是一个或多个不同的人工智能，在药物发现过程中，从靶标选择、命中识别、线索优化到临床前研究和临床试验，这些人工智能能够更好地理解和设计新的输入。

（1）物理化学性质预测。

在药物发现中，临床候选分子必须满足一系列不同的标准。除了生物靶标的正确效力外，该化合物还应具有相当高的选择性，以对抗不希望的靶标，并表现出良好的物理化学和 ADMET 特性（吸收、分布、代谢、排泄和毒性特性）。因此，复合优化是一个多维的挑战。在优化过程中应用了大量的计算预测方法，以实现有效的化合物设计。一些机器学习技术已经被成功地使用，例如支持向量机（SVM）、随机森林（RF）或贝叶斯学习。

机器学习用于属性预测，一个重要方面是访问大型数据集，这是应用人工智能的先决条件。在制药工业中，化合物优化过程中收集了大量不同性质的数据集。这些针对目标和反目标的大型数据集，可用于不同的化学系列，并系统地用于训练机器学习模型，以推动化合物优化。在药物研究中，新型人工智能技术受到了广泛的关注，因为深度学习体系结构在性质预测方面表现出了优异的结果。与基线机器学习方法相比，深度神经网络显示出更好的预测性。与此同时，人工智能在早期药物发现中的应用范围已经扩大，例如化合物和多肽的从头设计，以及合成规划。

有大量不受专利权限制的数据集，可用于衍生机器学习模型，以预测跨目标活动。这些模型可应用于药物设计，即现有药物新靶点的识别。例如，在 Kaggle 竞争中，深度神经网络已被用于许多属性预测问题。深度神经网络属于人工神经网络，是一种大脑启发系统。含多个节点，也被称为神经元，就像大脑中的神经元一样相互连接。来自不同节点的信号被转换并级联到下一层的神经元，输入层和输出层之间的图层称为隐藏层。在神经网络的训练过程中，会调整不同节点的权重和偏差。

深度神经网络使用的隐藏层和节点数量明显大于浅层架构。因此，在神经网络的训练过程中，必须拟合大量的参数，以提高计算能力并改进一些算法，解决过拟合问题。使用卷积神经网络进行属性预测，包括 ADMET 性能和物理化学参数，显示出较好的性能。其中，定义一个合理的参数集是实现良好性能的关键。

（2）亲脂性预测。

亲脂性作为药物发现工作中最重要的物理化学性质之一，在调节许多关键的药代动力学过程中起着至关重要的作用。具体来说，它影响药物分子的膜通透性，从而影响药物的转运、分布和清除行为。它还强烈影响药物分子与大分子的结合，影响代谢和毒性过程，以及几乎任何其他药物诱导的体内生物过程。定量表征亲脂性的金标准是辛醇–水分配系数（$\log P$）或 pH 相关分布系数（$\log D$）的对数，替代方法包括脂质体/水分配比和固定化人工膜色谱。

传统的预测亲脂性的计算方法，包括色谱方法量子化学驱动方法，如真实溶剂的导体样筛选模型、个分子模拟和线性/非线性 QSPR。相比上面介绍的方法，科研人员越来越普遍地采用人工智能方法，将 $\log P$ 或 $\log D$ 与分子描述符集联系起来。常用的分子描述符包括原子电荷、氢键效应、分子体积和表面积等。

神经网络已被用于预测辛醇–水分配系数，例如 ADMET 预测器。基于结合前馈网络和 k 近邻算的联想神经网络的 ALOGPS 程序已被证明能够可靠地预测低分子量化合物的 $\log P$。两种类型的描述符通常被用来构建预测模型、结构片段和数字索引，通常使用遗传方法从中选择有用的子集。

现有模型的分子量范围有限，且可能与所选描述符捕获的性质无关，因此要求通过包含更具物理意义的表示来改进 $\log P$ 预测。基于辛醇–水的人工智能方法，作为参考系统，可以可靠地预测各种不同数据集的 $\log P$ 或 $\log D$，从而选择最有前途的化合物进行初始研究。预测 $\log P$ 或 $\log D$ 的主要困难与水溶度有关。基于人工智能的方法，在准确性和效率上各不相同，但都是在实验数据上训练的，这可能会限制其他基于物理的方法，如真实溶剂的筛选模型或分子模拟。

（3）透膜能力预测。

体外膜通透性数据的评估，对于药物发现和开发工作至关重要，因为在大多数药物相关生物过程中，分子通过被动跨膜扩散和主动转运机制穿过生物膜。科学家们已经花费了大量的努力，开发精确预测小分子膜渗透行为的计算模型。为此，许多人工智能辅助的预测因子已经接受了不同化学类别及其相关实验渗透率数据的训练。这些数据已通过多种体外渗透性试验验证，包括平行人工膜渗透性试验、人结肠腺癌细胞系和其他基于细胞的试验。

人工膜渗透性试验越来越多地用于药物发现过程，以评估化合物的膜通透性。在收集初始数据集时需要特别小心，须将所有已知的外排转运体底物排除在训练集中。应用计算模型预测渗透率，可能会大大加速发现过程，但须仔细分析观察到的计算值和体内值之间的差异。

机器学习模型使用其内部的 AutoQSAR 系统，将 Caco-2 细胞的内在通透性与分子结构联系起来。由于预测模型的性能，可能会因特定的项目而有所不同，出了一个"渗透性决策树"，通过将预测的渗透性与亲脂性和分子量相结合，来帮助指导项目设计。内在渗透性也很容易使用 AutoQSAR 进行评估。AutoQSAR 是一种基于细胞的方法，具有几个优点，包括成本低、良好的时间有效性、对更宽的 pH 范围的耐受性和更高的 DMSO 含量，以及易于高通量筛选。

当建立预测 AutoQSAR 渗透性的模型时，有一个相对较大的渗透率数据集，其中包括超过 5435 个满足结构多样性的化合物条目。收集数据集时必须小心，除非在模型训练过程中整合了条件信息，否则只能收集一致条件下的渗透率数据测量值。同时，应考虑细胞系中表达的不同转运蛋白的影响，以及对不同复合文库的需求。

最近的文献报道了机器学习方法在预测内在渗透率方面的巨大潜力。这些研究清楚地表明，基于机器学习方法的模型可以用于药物开发的早期阶段，以高度的置信度筛选出渗透性差的化合物，并将合成工作集中在具有最佳渗透性潜力的化学空间区域。

（4）水溶性预测。

足够的水溶性对于口服药物至关重要，因为它们必须在从胃肠道吸收之前首先溶解在胃肠道液中。多年来，许多计算方法被提出来预测水溶度，根据其基本原理分为三类：量子化学方法、分子力学模拟，以及建立在统计学或机器学习算法中的描述符方法。

水溶度的预测，通常基于四个主要的描述符，包括相关物理化学性质、原子或基团贡献、量子化学性质和结构信息。更具体地说，基于物理化学性质的描述符与可以通过实验测量，或从计算方法中获得的 log P 和熔点值有关。一般溶解度方程法，及其扩展改进的方法，是从 log P 和熔点出发评估水溶性。虽然这种方法产生了很好的结果，但它将预测水溶度的问题替换为测量或预测 log P 和熔点值，增加了复杂性。它使用原子或基团贡献描述符的方法，以捕获分子中原子或基团的存在，并通过与可用的实验数据的相关性来估计每个原子对水溶性的贡献。

基于结构的方法可根据化学结构信息，如分子拓扑、连接性或碎片信息等，预测一个物质的溶解度。除了分子大小这一可追溯到 Fuhner 工作的关键特征外，多年来还发现了与溶解度有关的其他分子特征，包括氢键数和多种分子连接性指数。分子结构的各个方面已经用多种方式来表示，典型的选择是二元指纹，它在简单性和预测能力之间提供了良好的折衷。

用于预测水溶解度的指纹示例包括扩展连接性指纹（对两个化学键直径内的每个原子及其分子环境进行编码）和神经指纹（直接从任意大小和形状的分子图生成）。一些深层结构和深层学习方法也被用于预测类药物分子的水溶性，如无向图递归神经网络（UG RNNs）和基于图像的卷积神经网络。

这些方法侧重于学习有关本地环境的特定信息，目的是构建特定于任务的内部表示。前一种方法，通过枚举分子的有向无环图表示，来学习描述符表示。后一种方法，通过对分子图进行卷积，来构建一种特定于任务的指纹图谱，与其他溶解度任务以及辛醇溶解度和熔点任务方法相比，该方法表现出显著的改进。在这些情况下，可用于模型构建和测试的分子相对较少。

虽然许多信息性描述符已经被设计并纳入到人工智能预测器的构建中，但似乎没有一个能够完美地、准确地预测溶解度。对于不同方法的预测因子的质量评估发现，包括多元线性回归、人工神经网络和类别形成，没有一个能完美地预测溶解度，尽管多元线性回归比其他更复杂的方法表现更好，且它的过拟合的概率较低。

除了对该性质的内在复杂性认识不足外，当前模型预测能力有限的另一个经常被引用的原因是文献中从多个来源收集的溶解度数据的噪声，实验数据中的估计均方根误差（RMSE）范围为 0.6~0.7 溶解度。然而，最近的一项研究表明，实验数据的质量并不是预测类药物分子水溶性的过度限制因素。作为一个比较，当使用一个噪声大得多的数据集时，该数据集是从已发表文献中的几个不同来源中提取的，其值为 0.6~0.7 溶解度单位。

与人们预期相反，从 CheqSol 实验数据中得出的模型并不比从公布数据中得出的模型更准确。可见，虽然水溶度是小分子药物和候选药物的一种重要的物理化学性质，但要准确预测仍然十分困难。每种预测方法，都有自己的优点和局限性，最佳选择仍然很大程度上取决于个人需求。对于高通量分子筛选，高效的人工智能方法代表了一种合适和足够可靠的方法，以拓宽细化大集合。然而，当需要对一些特定药物分子的基本原理，进行特定的物理和机制理解时，研究人员通常倾向于使用基于量子力学或分子力学等更有物理意义的方法。

（5）药物与靶标共晶型预测。

药物分子以许多不同的方式出现，可能覆盖各种晶体形式，从多态性和水合物到更复杂的多组分晶体。在后者中，靶标和辅助化合物之间形成新的分子间相互作用，被证明是修饰靶化合物的物理化学特性的一个很好的工具，如溶解度、生物利用度、密度和熔点等。

因此，多组分晶体可应用于各个领域，并在药物的有效配方中发挥着关键作用。共晶体具有改变分子的物理化学性质的潜力，科研工作者对共晶体合成的设计热情高涨。然而，当寻找足够的分子组合来形成共晶体时，就出现了困难，阻碍了对目标晶型的有效探索。

多组分晶体的预测困难重重，新的形式经常面对多次错误识别。与成盐类不同，质子转移导致强离子作用，溶剂酸盐和共晶体是通过较弱的非共价相互作用组装的。这种官能团之间的分子间相互作用，经常被用来合理化可能的聚集，但不能保证假定的相互作用会出现。

多态性盐和溶剂盐，通常使用自动高通量系统进行筛选，但共晶体的实验筛选仍然耗时耗力，而且失败率极高。为了缩短这一过程，现已有多种计算工具，如基于氢键、分子描述符的统计分析建模、静电势图、晶体结构预测、分子动力学或像素计算等计算工具，以帮助发现成分或共构体的充分组合。

3.3　定量结构-活性关系预测（QSAR）

（1）QSAR 建模。

在药物设计和发现中，探究化学结构及其理化性质与生物活性之间的关系至关重要。QSAR/QSPR 建模自 50 多年前成立以来，已经取得了长足的进步。生物活性和药物动力学参数的成功预测，包括吸收、分布、代谢、排泄和毒性等，证明这些计算模型对药物发现的促进是不可否认的。对于基于配体的 QSAR/QSPR 建模，分子的结构特征（如药效团分布、物理化学性质和官能团）通常使用所谓的分子描述符转换为机器可读的数字。

化合物的物理化学反应仅仅是其化学组成的函数，然而定义这种函数仍然具有挑战性。从原子论的起源开始，化学家们就努力预测化合物的性质，而不需要合成这些化合物。QSAR 及其关系，一直是一个活跃的研究领域。QSAR 的工作已经导致了特定物理化学性质预测的常规进展，特别是 $\log P$，可用于计算辛醇/水分配系数。

伴随人工智能的发展，QSAR 建模技术、分子表示、数据量和可用计算资源的数量显著增加。所有这些领域的进步都意味着以前不适合或不适用于这些数据集的深度学习等技术现在可以利用了。我们现在可以访问大量的化学结构数据以及测量的相关终点，并从中生成预测模型。然而，这些数据的数量仍然有限，即使可以访问，质量也参差不齐。在这里，人们期望更聪明的机器学习方法能够处理这些有噪声的数据。

手工制作的分子描述符的范围很广，旨在捕捉潜在化学结构的各个方面。一般来说，QSAR/QSPR 方法已经从使用简单的模型（如线性回归和 k 近邻算法）过渡到更普遍适用的机器学习技术，如支持向量机和梯度增强方法，旨在解决化学结构与其物理化学/生物活性之间更复杂和潜在的非线性关系，通常以牺牲可解释性为代价。

深度学习并不是一种新技术。化学信息学中的人工神经网络在 20 世纪 90 年代迎来了第一个鼎盛时期，当时许多概念都是首创的，包括深度和自适应网络架构、自组织映射、序列和时间序列分析的递归系统以及自动编码器。其中，深度网络在 2012 年默克分子活性挑战赛中取得成功后，终于取得了突破。虽然在使用相同的描述符集时，后一种类型的模型在性能方面是否优于其他方法（如梯度提升机）存在一些争议，但深度学习方法提供了几个优点，其中最重要的一点是深度网络可以在训练过程中进行自动特征提取。

图神经网络，也称为消息传递方法和递归神经网络，能够生成分子结构的内部上下文特定表示。图神经网络在特定情况下，通过在训练过程中学习潜在的原子和键表示来实现的。因此，深度学习方法很有希望用于建模那些最初没有设计经典描述符的任务。实例包括肽、大环和蛋白水解靶向嵌合体（PROTACs）的建模。深度架构的另一个潜在优势是其适用于多任务学习，其目的是找到一种对一组相关端点有用的通用内部表示（与多输出学习不同，多输出学习不会明确利用要学习的任务之间的相关信息）。

由于药物发现是一个多参数优化挑战，在通常的情况下，多任务学习可能会更有效地利用相关数据，在这种情况下，整个分子库没有在所有感兴趣的终点上进行详尽的测试，并且不需要事先插补。多输出 QSAR 建模的想法，旨在将一组预定义的化学描述符与可观察的终点联系起来，在深度学习方法流行之前就已经被探索过了。尽管有多任务学习的前景，但迄今为止，与单任务模型相比，它只有适度的性能改进。

深度学习的一个众所周知的缺点是它在中低数据场景中的性能较差。一些基于化学基因组的方法可能通过利用额外的基因组或生物相互作用组数据源，为这些情况提供进一步的见解。

沿着这些思路，纯粹数据驱动的分子性质预测方法，与（完全或部分）基于物理的技术相比，对看不见的化合物类进行推断和做出可靠预测的能力有限。物理化的机器学习方法和额外的主动学习策略（即模型要求特定的训练数据以改进泛化方面发挥作用的方法）提供了额外的工具来克服这些限制。这些策略的成功将进一步严重取决于它们的具体实现如何应对数据稀疏性，因为能够进行有效数据计算的合适来源往往是稀缺的。

深度学习模型也因其臭名昭著的调试困难和"黑盒"角色而受到广泛批评。相比之下，手工开发特定领域的特性（即针对特定任务专门设计的描述符）仍然有潜力以一种更容易理解的方式整合背景知识。可解释的人工智能技术可以通过深度学习方法，为这些问题提供部分解决方案。继续发展特征归因技术（即旨在强调输入的总体重要性的方法）基于实例的解释（如反事实、基于用户定义查询的模型生成的例子）和基于注意力的网络将有助于缩小深度学习和药物发现专家之间的差距。因此，这些领域之间的密切合作是非常必要的。

深度学习方法的另一个常见的缺点是它们的计算成本很高。如果没有专门的硬件，如消费级图形处理或张量处理单元，深度学习通常需要比许多其他机器学习方法更长的训练和评估时间。虽然前面的陈述在大多数情况下都没有问题，但深度学习模型可以自然地利用其最流行的训练策略，即随机梯度下降优化来进行在线学习。这具有相对于训练数据集的大小线性缩放的优点，因此不需要将训练数据集完全加载到系统的存储器中。在连续、随机、批量的数据上随机训练深度学习模型的能力，可以使它们比大数据场景中的其他替代方案更适合。

一个相关的问题是，与其他更彻底的测试方法相比，预测性深度学习在许多实际场景中往往需要更多的人类专业知识。例如，虽然可以用相对较小的努力来训练一个性能良好的随机森林模型，但我们对当代深度学习方法的理解还没有达到可靠的默认水平，尽管最近的理论表明，这种情况可能在不久的将来发生改变。

此外，神经网络可能会出现误导性，即所谓的 Clever-Hans 效应，并有产生过于自信的预测的倾向，即使这些预测显然是错误的。在药物发现的性质预测的背景下，这种情况进一步加剧，因为在类似条件下的实验可以提供明显不同的测量结果。随着不确定性估计技术的广泛采用，这一缺陷可能会在未来几年得到缓解，无论是使用直接嵌入不确定性的深度学习方法，如贝叶斯神经网络，还是使用集成学习等后组织技术。

神经网络在基于结构的蛋白质配体活性预测方面也取得了显著的进展，与经典的 QSAR 不同，这需要一个共晶或对接姿态来推测不同的目标。许多经典的方法都建模了一个明确的、预定义的蛋白质-配体通过偏最小二乘或多元线性回归的蛋白质-配体复合物的数学关系，以便准确地考虑单个描述符的贡献，并预测物理化学性质的目标性质。

更先进、更灵活的非线性模型方法，如随机森林或支持向量机，在 2010 年代初流行起来，再加上广泛的描述符使其进一步发展，如蛋白质-配体-原子对计数、性质编码的形状分布或基本原子相互作用。与纯粹基于配体的对应物类似，这一特定的子领域最近见证了深度学习的出现，并利用了它的优势。早期方法受到计算机可视化和图像识别的启发，这些进步主要由卷积神经网络驱动，并最终适用于生物活性预测。其他研究使用了基于图形的方法，以及基于距离和角度的方法来实现相同的目标。在基于结构的虚拟筛选和线索优化竞赛中，其中一些方法比以前的方法提供了渐进的性能改进。但质疑的声音一直存在，他们认为一些众所周知的基准更倾向于支持基于机器学习的评分函数，而不是经典的评分函数。

为了与人们对可解释人工智能日益增长的兴趣保持一致，最近对解释基于结构的卷积神经网络模型的尝试表明，这些模型能够以可理解的术语突出相关的蛋白质-配体相互作用，如氢桥和 π-π 堆叠。

然而，基于三维卷积神经网络的方法，具有一定的理论局限性，缺乏相对于输入的旋转不变性，这是对原子系统建模时所必需的特性。如何克服这个问题，最近成为了一个非常活跃的研究领域，新开发的神经网络架构，如欧几里得神经网络和 SchNet，相对于三维（即旋转和平移）中的特殊欧几里得神经网络等将变性直接嵌入它们的设计中。这些结构已经应用于一些分子任务，例如预测分子的电子性质。这一方向的研究，预计将在不久的将来为结构建模开辟新的机会。

考虑到深度学习在药物发现中的应用快速增长，但极度依赖大型训练集的事实，开发新的模型，进行全面的数据管理和适当的基准测试，就显得非常重要。在过去的几年里，化合物库的可用性和规模都有所提高，ZINC 和 ChEMBL 等数据库代表了基于配体识别方法的常用起点。在基于结构的建模中，也观察到了类似的趋势，PDB-bind 和 BindingDB 等数据库，提供了关于蛋白质-配体复合物的高度详细的结构信息，及其相关的生物活性数据。蛋白质结构预测和测定领域的最新进展喜人，未来将有更多药物靶点的结构信息可用。

在化学信息学的背景下，机器学习方法的开放和标准化已经投入了大量精力。例如，MoleculeNet 基准测试套件，旨在通过生物物理、物理化学和生理学等领域精心策划的数据集，及时评估许多流行的深度学习架构，从而促进模型测试。尽管公共数据的数量正在快速增长，但大多数结构-活性关系数据仍然是由商业研究组织、出版商和制药公司生成的，他们通常认为生成的数据是一种需要保密的差异化资产。最近的研究表明，分子结构通常可以从分子描述符中部分恢复，这可能会使数据共享进一步复杂化，甚至在潜在特征水平上也是如此。

QSAR 建模是一种计算方法，通过它，可以在化学结构和生物活动之间创建定量数学模型。开发数学模型的主要优点是从分子数据库中识别不同的化学结构，这些结构可以用作对抗疾病靶点的治疗化合物。一旦选择出最有前景的化合物，就要进行实验室合成和体外或体内测试。

QSAR 模型大致分为回归模型和分类模型两类。高斯回归是一种建立 QSAR 回归模型的类型，是一种稳健而强大的 QSAR 建模方法。高斯回归方法可以处理大量的描述符并识别关键的描述符。最近，已经使用高斯回归证明了两个分类模型，高斯回归是固有的高斯回归分类方法，另一个是高斯回归技术和概率分析的结合。

该方法适用于对非线性关系进行建模，并且不需要主观确定模型参数。机器学习算法（如神经网络、深度学习和支持向量机）的最新进展和越来越多的应用为 QSAR 建模提供了一条很好的途径。现已有多种基于网络的 QSAR 建模工具和算法，如 VEGA 平台、QSAR-Co、Meta-QSAR 等。

QSAR-Co 可用于不同的研究，例如开发抑制磷酸肌醇 3 激酶异构体的多靶点化学计量模型、筛选 ERK 抑制剂作为抗癌剂、预测 K562 细胞功能抑制剂，以及预测酚类化合物的抗真菌特性等。

机器学习模型的一个普遍问题是，QSAR 模型生成的生物测定数据中缺失值的数据插补。基本上有三种主要类型的缺失值：① 随机完全缺失，当变量中缺失值的概率对所有样本都相同时，就会发生这种情况；②随机缺失，这意味着变量中随机缺失值的概率，仅取决于其他预测器中的可用信息；③非随机缺失，这意味着缺失值的概率不是随机的，并且取决于未记录的信息以及现有信息预测缺失值。

有几种方法可以处理缺失值，如使用零、平均值、中值或模式共同值进行插补，使用随机选择的值进行插补，使用模型进行插补。每个数据集都有缺失的值，需要明智地处理这些值，以便构建一个稳健的模型。此外，应该消除数据的复杂性，必须对数据进行整理，以提高生成模型的准确性和准确性。此外，最初的 QSAR 模型用于预测小分子的毒性和代谢，例如分子量小于 1500MW 的分子。

除了经典的 Hansch 和 Free Wilson 方法外，QSAR 在过去几年中随着描述符计算的新方法、系统验证的实施以及受体结构信息的丰富而逐渐发展。除了经典的先导优化外，QSAR 已经应用于药物发现和设计的不同新兴领域，如多肽 QSAR、混合物毒性 QSAR、纳米颗粒 QSAR、离子液体 QSAR、化妆品 QSAR、植物化学 QSAR 和材料信息学。

然而，最初的 QSAR 技术有一些限制，如准确性和可靠性。随着 QSAR 在药物发现和设计过程中的日益应用，如可视化筛选、先导优化和靶点识别，药物科学家和生物学家一直在努力开发更可靠的方法。

基于人工智能/机器学习算法的 QSAR 模型，即基于全息图的 QSAR、基于组的 QSAR 和基于集合的 QSAR，将药物发现过程加速了数倍，有可能消除早期方法的不足。

除了 QSAR 建模外，人工智能算法还被用于药物再利用或药物重新定位。在药物设计和发现中，药物重新定位是指对已经为一种疾病开发的药物进行研究，并将其重新指向其他疾病。由于多靶点参与多种疾病的可能性，重新定位药物是可行的。另外，基因组学、蛋白质组学、药理学体内外研究的大量数据集的出现，为药物重新定位提供了一条很好的途径。

近年来出现了多种基于人工智能的算法和基于网络的工具，如 DrugNet、DRIMC、DP-DR-CPI。机器学习算法用系统生物学方法，取代了基于化学相似性和分子对接的传统方法，可以评估药物效果。基于人工智能的药物发现工具和算法的出现，为新未来的研究提供了平台。

随着技术的进步，药物化学科学家、生物科学家和计算科学家正在寻找提高基于人工智能的模型准确性的方法。如果没有用于分析靶分子和配体分子之间相互作用的分子对接，药物发现的 QSAR 和药物重新定位方法都是不完整的。分子对接曾被开发为一种独立的工具，用于确定两个分子（目标分子和配体分子）之间的相互作用。然而，随着人工智能技术的出现，分子对接的适用性发生了变化。现在，分子对接正与分子动力学模拟和基于人工智能的工具结合在药物发现的不同领域，如可视化筛选、靶标识别、多药生态学。

分子动力学模拟和基于人工智能的算法，可以提高分子对接的效率和准确性，分子对接的使用限制也得到了解决。在药物设计中，分子对接只能用于那些晶体结构可用的生物靶标，因为有许多靶标的结构不可用。在人工智能的辅助下，已经出现了一种类似同源建模的技术来克服这种障碍。此外，PDB 中的晶体结构数据呈指数级增长，增强了分子对接在药物发现中的适用性。

（2）QSAR 预测。

20 世纪 90 年代开始，神经网络被广泛用于定量结构-活性关系研究。QSAR 是制药行业中一种非常常用的预测上靶和脱靶活性的技术。这些预测有助于在药物发现过程中确定实验的优先次序，并将大幅减少需要做的实验工作。在药物发现环节，QSAR 通常被用于对大量化合物进行优先排序，在这种情况下，每个单独的预测都十分准确。也就是说，更高的预测精度总是可取的，但对可能使用的 QSAR 方法有实际的约束条件。

即使硬件支持良好、高性能的内部计算环境中，计算机的时间和内存也可能会受到限制。在实际的环境中，一个理想的 QSAR 方法应该能够在 24 小时内，利用万级的分子描述符构建一个预测模型，无须人工干预。QSAR 方法是计算机密集型的，或需要调整许多敏感参数，以实现对单个 QSAR 数据集的良好预测。

由于这些限制，已经提出的许多机器学习算法中只有少数适用于药物发现中的一般 QSAR 应用。目前，最常用的方法是在随机森林和支持向量机上的变化，这是最具预测性的方法之一。由于其高预测精度、易用性和对可调参数的适应性，随机森林已成为其他 QSAR 方法比较的"金标准"。对于非 QSAR 类型的机器学习也是如此。

QSAR 和机器学习模型，有多个端点可供使用，但通常只针对一个端点进行训练。卷积神经网络，提供了将几个端点的预测作为多任务学习的可能性。多任务学习，可以提高预测质量。总的来说，通过多任务学习可以观察到模型性能的提高，同时对于某些任务似乎能进一步增强。当一个数据集与其他任务共享许多活性化合物时，它显示出更好的性能。此外，数据的量和任务的数量，都能够影响多任务学习。在关于行业规模的 ADMET 数据集的研究中，也可以识别出对多任务学习的有益影响，但性能改进需要高度依赖于数据集的提高。

深神经网是机器学习中越来越流行的方法之一，并在语音识别、计算机视觉和其他人工智能应用中产生了表现出高性能。深神经网与广泛用于化学应用的经典人工神经网络之间的主要区别之一是，深神经网有多个隐藏层，每一层都有更多的神经元，因此"更深"和"更宽"。

深度学习也被用于预测有机小分子的势能，用快速机器学习方法取代了要求计算的量子化学计算。对于大型数据集，量子化学衍生的 DFT 势能，可以通过计算并用于训练深层神经元网络。该网络可以预测训练集分子的势能，即使是分子量比训练集分子大的测试分子。

深度学习被广泛地用于验证许多不同的数据集和学习任务。在许多比较中，卷积神经网络在成熟的机器学习技术上做出了改进，其性能被认为可与体外检测相媲美。然而，许多研究都是回顾性地显示了深度学习体系结构在属性预测方面的适用性，并将该方法与已建立的机器学习算法进行了比较。

通常，深度学习会使用像 ChEMBL 这样的公共数据集。在 ChEMBL 中，生物数据通常只用于一个目标，导致稀疏矩阵，使跨目标学习成为一个重大挑战。因此，在某些情况下，卷积神经网络明显优于其他机器学习方法，特别是因为训练和参数优化对许多其他机器学习方法的要求较低。一个很有前途的发展是通过学习引擎对化合物描述的自编码，这将提供依赖于问题的优化化合物描述。

经典的神经网络面临着许多实际的困难。例如，它们只能处理有限数量的输入描述符。因此，必须应用描述符的选择或提取方法来将描述符的有效数量从数千个减少到数十个或最多数百个。因此，有价值的预测信息就丢失了。同时，为了避免训练数据过拟合，并减少计算负担，隐藏层的数量限制在 1 层，且必须限制该隐藏层的神经元数量。

由于理论方法、优化算法和计算硬件的进步，经典神经网络的大部分问题已经得到了解决。如今，具有多个隐藏层和每一层数千个神经元的神经网络可以常规地应用于具有数十万种化合物和数千个描述符的数据集，而不需要进行数据缩减。此外，即使网络有数百万个的重量，也可以控制过拟合。另一方面，与任何神经网络方法一样，用户可设置一些可调参数。

默克结构化学实验室检查了 15 个不同的 QSAR 数据集，并确认深神经网在大多数情况下比随机森林能做出更好的预测。当隐藏层的数量为 2 时，隐藏层中有少量的神经元会降低深神经网的预测能力。当数据被输入到输入层时，下一层神经元只能看到前一层传递的信息。神经元数量较少的一层表示数据的能力较小。如果一层中的神经元数量太少，无法准确地捕捉到数据中变化的重要因素，那么下一层也将无法捕捉到这些信息，而添加更多的层只会使优化更加困难。

此外，给定任意数量的隐藏层，一旦每层的神经元数量足够大，进一步增加神经元的数量只有一个边际的好处。例如，一旦两隐藏层深神经网的每层神经元数量达到 128，它的性能开始接近平缓。当进一步增加每层神经元数量时，深神经网的预测性能往往有更高的提升。三层和四层网络的行为很像两层网络，即更深的深神经网每层需要大量的神经元，这比两层深神经网要多。

当网络只有一个包含 12 个神经元的隐藏层时，神经网络实现了与随机森林相同的平均预测能力。这种大小的神经网络确实可以与 QSAR 中使用的经典神经网络相媲美。虽然在一些数据集中，r^2 相对于随机森林的变化幅度可能很小。

尽管推荐的参数对联合任务模式和单任务模式下的大多数数据集都有很好的预测，但这并不一定意味着推荐的参数对于任何特定的数据集都是计算效率最高的。例如，大多数单任务问题可以用两个隐藏层运行，使用更少的神经元（1000 和 500），与推荐参数相比，预测 r^2 的下降非常小，但计算时间节省了几倍。

随机森林和深神经网都可以使用高性能计算技术高效地加快速度，但由于其算法的固有差异，它们可以以不同的方式加快速度。随机森林通过为每个节点提供一个树，可以使用集群上的粗并行化来加速。

相反，深神经网可以有效地利用现代 GPU 的并行计算能力。随着 GPU 硬件的巨大进步和 GPU 计算资源可用性的增加，深神经网更易于实现，节省计算时间和硬件成本。这比传统的计算机集群更经济。在 Python 中编程 GPU 计算几乎与传统的 Python 编程完全相同。

默克结构化学实验室的研究表明，平均同时训练所有 15 个数据集的联合深神经网可以略微提高一些训练集较小的 QSAR 任务的预测能力。这 15 个数据集在几个方面之间有很大的不同，如所涉及的分子类型和 QSAR 任务的目的。一般来说，对于其他 QSAR 方法，一次只处理一个数据集，化学家们理解嵌入在联合深神经网中的 QSAR 模型如何从其他不相关的 QSAR 数据集借用信息。因此，需要进一步的研究来更好地了解深神经网是如何工作的。幸运的是，即使数据集被单独处理，深神经网仍然可以获得比随机森林更好的结果。

在许多机器学习应用中，深神经网起了关键作用，通常会提高深神经网在 QSAR 任务中的预测能力。目前，人们还没有完整地解释为什么预训练会损害性能，尽管它可能与子结构描述符的属性有关。

另一个未来的发展方向是，开发一种有效的策略来细化每个特定 QSAR 任务的深神经网的可调参数。为了最大限度地提高深神经网的性能，可能仍然需要自动微调每个数据集的深神经网参数。对于许多机器学习任务，这可以通过使用交叉验证方法的不同变体来实现。工业药物研发环境中的 QSAR 任务，可以通过时间分割训练和测试集更好地模拟。在此场景下，交叉验证对某些数据集的算法参数的微调无效。在机器学习中使用的自动调整深神经网参数的方法，依赖于验证性能的准确程度。因此，需要开发出能够更好地表明深神经网在时间分割测试集中的预测能力的新方法。

3.4　ADMET 属性预测

药物设计与开发，最理想的目标是实现高的生物活性和理想的安全性，为了达到这些目标，候选结构必须与主要靶点或靶标形成最佳的相互作用，并避免与非靶点不必要的相互作用。导致不期望的毒理事件。吸收（absorption）、分布（distribution）、代谢（metabolism）、排泄（excretion）和毒性（toxicity）对功效和安全性都有显着影响，它们通常缩写为 ADMET。

不平衡的 ADMET 特性，是候选药物晚期失败的常见原因，并可能导致已批准药物的停用。在药物发现过程中，尽早确定一种化合物的 ADMET 特性的重要性已经得到了广泛的认识。因此，计算模型的发展引起了制药公司和科研团体的极大兴趣，因为这种模型可以提供有价值的信息，以指导构建一个筛选库，以最大限度地减少此类问题。

人工智能技术已被广泛用于将化学品的 ADMET 特性与分子描述符（或特征）直接关联，并从可用数据集构建预测模型。随着对分子结构与物理化学性质之间关系的理解日益加深，包括脂水分配系数（$\log P$）、水溶解度（$\log S$）、透膜性以及化合物的生物学行为，特别是其药代动力学特性，人们已经开发了用于快速预测 ADMET 特性的间接方法。这些方法旨在将药物发现工作引导到可能更具生产力的化学领域，而不在现阶段对特定的化学基团施加苛刻的限制。

小分子候选药物的简单物理化学性质通过影响 ADMET 性质、药效和药物化合物的选择性，对其最终进入市场的成功具有众所周知的影响。例如，化合物熟悉的物理化学性质已被用于对其可能的目标家族进行分类。

这种方法可能在某种程度上被小分子和 me-too 方法的发展所迷惑，但它仍然是一种启发性的见解。小分子候选药物必须表现出足够的溶解度和渗透性，以达到其作用部位并参与其靶点。因此，更好地理解和准确预测其理化性质将有助于设计具有所需药代动力学和药效学特征的化合物。

早期的 ADMET 预测，可以帮助研究人员选择良好的候选药物，并在整个开发过程中促进药物的成药性。近年来，人工智能辅助 ADMET 预测领域取得了许多进步，基于深度学习和大数据的新一代预测因子，将促进从实验室到临床的药物发现和开发过程。

（1）药物吸收度预测。

药物吸收是药物分子通过一个或多个生物膜屏障，从吸收部位被吸收到血液中的关键第一步。这是一个复杂的过程，在很大程度上受到药物的物理化学性质、给药途径、所选择的配方和生理因素的影响。药物吸收的预测模型分为物理化学和生理两个主要领域。

目前，已经提出了几种基于评估吸收过程中涉及的物理化学性质的简单过滤方法，包括但不限于 $\log P$、$\log S$ 和内在渗透率，以快速预测小分子的生物利用度。这些方法，有助于药物化学家在先导物的优化过程中，做出初步和快速的判断，例如，如果候选药物分子的内在水溶性较低，预计其吸收能力较差。

然而，由于生物膜具有多种药物吸收机制，仅基于物理化学特征的药物吸收预测难以实现合理的准确性，而且每一个缺失的分子都是潜在的药效团。因此，一个生理模型有助于开发一种可靠的、高通量的方法。人肠道吸收是 ADMET 最具影响力的特性之一，直接影响口服生物利用度。基于体内和体外实验分析的数据，已经引入了许多计算分类和回归模型来预测人肠道吸收。

机器学习方法在这方面也有广泛的应用。一般来说，在绝大多数已发表的研究中，人肠道吸收的预测精度在一个可接受的范围内，最大最突出的问题是有限的数据容易导致过拟合。几种技术已被应用来缓解小样本量问题，并实现更可靠的性能。例如，最近报道的集成学习技术，可以获得一个可靠的模型来预测不同化学物质的人肠道吸收。

基于集成学习的预测模型，在几种严格的外部验证条件下进行了评估，并显示出良好的人肠道吸收模型的预测能力。最近提出了一个基于卷积神经网络的计算模型，该模型从分子描述符中预测化合物的吸收潜力，而不需要明确的特征要求。

解决过拟合问题，另一种方法是使用一个大的、多样化的初始数据集。初始数据集作为在实际应用中预测候选药物人肠道吸收的一个起点，可以建立稳健和可靠的预测模型，输出并预测候选药物的吸收度。

（2）药物分布预测。

药物分布是指药物分子从血流扩散或主动运输至身体组织，尤其是预期发生作用的组织的过程。

影响药物吸收的相同特征，如亲脂性、分子大小、pH 值、电离度等，也会影响药物分布到各种组织的速率和程度。其他因素也发挥作用，特别是非特异性和可逆蛋白与血浆蛋白的结合，包括人血清白蛋白、脂蛋白、α-酸糖蛋白等。与血浆蛋白结合，会影响药物的分布量、药理学和药代动力学，因为只有未结合的药物分子才能达到其生物靶点，并发挥预期的治疗作用。因此，与血浆蛋白不结合的化学部分是分布建模的关键参数。机器学习方法常被用来预测人类血浆蛋白结合的模型，如人工神经网络、随机森林和支持向量机等。

尽管已有大量工作来研究血浆蛋白结合的实验数据，但由于产生相关数据源的研究目的不一，要覆盖完整、一致的药物空间，难度非常大。只有广泛管理数据集，构建回归模型，才能有效预测药物血浆蛋白结合能力。在决定药物分布的各种因素中，生理屏障经常被提及，如血脑屏障和胎盘屏障。血脑屏障在保护大脑免受血液成分变化（如激素、神经递质和其他异种生物）和大脑稳态的变化中起着关键作用。不过，它也为治疗中枢神经系统疾病的药物开发工作制造了一个主要障碍。

药物分子从血液转移到大脑的速率，主要取决于其膜的通透性。近年来，利用机器学习方法预测血脑屏障渗透性，大大减少了高成本、高耗时的实验室工作。大量的体内和体外参数，可用于测量血脑屏障渗透，但最受欢迎和公认的参数仍然是药物在血液中的深度，高比例的血药浓度对应大脑更高的相对浓度。

与血脑的屏障渗透相关的一些描述符，被广泛用于构建预测模型，包括物理化学性质，如亲脂性、电离状态、电荷描述符、氢键供体和受体的数量、极性表面积等。因为缺少公开数据集，建立分子描述符之间的可靠关系，测量血脑屏障渗透仍然具有挑战性。此外，相对于对肠道通透性的了解，对限制血脑屏障渗透的复杂机制的理解仍然相对有限。

真核生物系统的渗透机制主要包括被动扩散、被动运输和主动转运。被动扩散被认为是药物通过血脑屏障最常见的机制，因此，迄今为止建立的大多数渗透预测模型都集中在这一机制上，而排除了其他机制。考虑到药物是通过多种途径透过血脑屏障的，难以从分子的物理化学特征来预测，最近引入了一种通过药物临床表型预测药物血脑屏障渗透的新方法。药物的中枢神经系统副作用与血脑屏障的渗透密切相关。基于文献中药物预警中可用的副作用数据的相对丰度，使用异构数据构建预测模型可能有助于提高预测成功率。

（3）药物代谢预测。

异种生物在肝脏或其他组织和器官中的化学转化，即代谢，通常是一个酶介导的过程，考虑到代谢酶的多功能性、底物和抑制剂的多样性，以及代谢过程的复杂性，代谢预测被认为最具挑战性。代谢决定了一种药物在体内的命运，从而影响其安全性和治疗效果。它在许多过程中起着关键作用，如许多药物疗效的丧失、特殊的药物不良相互作用、肝毒性和药物-药物相互作用等。

大部分药物分子主要经由细胞色素 P450 亚型（CYP450s）和葡萄糖醛酸基转移酶（UGT）参与的 I 期和 II 期代谢。约 58% 的药物经由 CYP450 代谢。因此，CYP450 抑制试验，通常用于检测那些在药物发现的早期阶段可能具有不期望的药代动力学特性的分子。

近年来，有越来越多的研究主要筛选非 CYP450 I 期代谢酶介导的代谢过程。蛋白质-配体对接、分子动力学、分子力学-广义玻恩表面积连续溶剂化、量子力学等多种计算方法，针对 CYP450s 和 UGTs 等靶标进行研究，研究代谢的位点、产物和代谢酶的抑制或诱导。

应用人工智能方法，研究人员通过明确描述参与破坏和形成分子键的电子，研究特定系统、代谢机制的细节，根据大量分子通过特定酶面板代谢的可能性进行预测。一般情况下，人工智能在代谢预测领域的应用主要包括预测代谢位点的位置，预测负责代谢的特定亚型，预测代谢药代动力学。代谢位点的预测对于药物研究至关重要，因为它为可能的代谢物的衍生提供了关键信息，为开发更安全、更有效的药物提供了指导。

当前，已经开发了一些基于人工智能的预测代谢部位的模型，并显示出令人满意的准确性。例如，随机森林预测器使用层次描述符的组合，识别 CYP450 介导的类药物分子代谢的潜在位点，其形式类似于支持向量机，在训练期间具有量身定制的实例错误值。XenoSite，是一种基于神经网络预测 CYP450 介导的 I 期代谢位点的工具。FAME，另一种快速、有效的基于人工智能的预测工具。在 FAME 预测器基础上，最近又提出了一种修正的预测代谢部位的方法，集成为一个新开发的软件包——FAME2，现在可以在线免费获得。

人工智能方法已被应用于相关分子对代谢酶的抑制谱的分类。除了预测代谢位点外，推断阶段 I 或 II 酶的特定异构体可能负责特定化合物的代谢。同时，研究人员对预测由非 CYP450 酶介导的代谢表现出越来越大的兴趣，尽管到目前为止，只有相对较少的文献报道了基于人工智能的代谢位点、亚型特异性和这些酶的动力学参数预测模型。目前大多数可用的模型仅对提供的初始分子进行代谢预测。

实际上，许多初级代谢物，要经历另一轮 I 期或 II 期代谢，形成次生有毒代谢物，例如，第一阶段聚芳烃氧化形成的环氧化物。因此，量子和分子力学的方法可以模拟这些反应的热力学和动力学，以及涉及代谢生物转化的详细机制。量子化学已经证明了它在生成信息性分子表征方面的效用，实现了对药物优化运动的回顾性预测的持续准确性。为了更现实地预测代谢物，并在药物开发的早期阶段识别有问题的化合物，有必要将当前的代谢组学和毒性信息与化学和酶反应机制的分子知识相结合，提供一个兼容性的代谢预测平台。

（4）药物排泄预测。

药物排泄，是从体内清除药物分子的过程，直接影响药物及其代谢物的血浆浓度，在药物设计中起着重要作用。排泄是一个复杂的过程，涉及多种消除途径，如胆道和肾的排泄，每种排泄都由许多不同的过程组成。例如，肾脏的排泄是由肾小球滤过、主动分泌和再吸收过程决定的。药物排泄过程的复杂性阻碍了基于人工智能的排泄预测因子的发展。最近，出现一种新方法，即应用偏最小二乘线性法和随机森林的非线性算法预测人体内的药物分布体积。

上面提到的方法，仔细选择了一组分子描述符，并使用遗漏法和独立测试集评估了预测因子的表现。根据 750 种化合物的数据，使用物理化学描述符和结构片段，构建预测人类血浆清除率的线性偏最小二乘预测因子，建立基于随机向量机的预测因子，其中包含一组根据药物化学结构计算的描述符，用于预测 141 种已批准药物在人体内的主要清除途径，并显示出较高的预测性能。

（5）药物毒性预测。

药物毒性，是指由于化合物的作用，或代谢而对机体或机体的子结构，如细胞和器官，产生的不良影响。毒性的测量是药物发现和开发周期中最重要和最具挑战性的步骤。

高通量的分析结果可靠，但耗能高，耗时耗力。因此，寻找合理的计算模型，提供快速、廉价、可靠的方法，替代大规模体内和体外生物分析，有很高的研究价值。现已有多种 Web 工具和软件包发布，来预测毒性，如 admetSAR，Toxtree，LimTox，pkCSM 和 DLAOT。

与此同时，先进的人工智能算法为预测毒性开辟了新的途径，许多文献讨论了人工智能在这一领域的潜在作用，如预测毒理学终点或有毒化合物的分类。这些算法，大多大致分为基于相似性和基于特征的方法。一种基于相似性的方法，通过计算化合物之间的成对相似性矩阵，来预测分子的毒性，然后通过最近邻算法和支持向量机等预测方法来分配分类。与大多数虚拟筛选工作类似，其潜在的假设是相似的结构应该发挥类似的生物学效应。基于特征的方法通过选择或加权输入特征来预测毒性，包括随机森林和朴素贝叶斯模型。

与基于特征的方法不同，成功预测的关键，是选择与任务最相关的特征，基于相似性的方法需要在以特征向量或二维/三维图表示的分子之间，进行有用的相似性度量。在这些表示中，存在识别不同的结构、物理化学和生化模式，如毒物团搜索、子图挖掘和图核。在毒性实验数据上训练时，人们构建了基于这些方法的人工智能预测因子，且表现出良好的整体性能水平。

测试集数据选自已报道的毒理学数据，利用实验动物进行药物毒性测试，包括小鼠或大鼠口服急性毒性、呼吸毒性和尿路毒性。考虑到这组不同任务的总体性能，支持向量机方法，对于构建可靠的毒性预测模型始终有效，在测试集中实现皮尔逊相关系数的 10 倍交叉验证平方约为 0.7。

此外，增强算法都从一个弱预测因子的集合中生成了一个强毒性预测因子。近期报道了另一种集成技术，使用标记分类器对已批准药物的四种不同的毒性效应进行了评估。尽管上述方法开发了性能良好的预测模型，但一个关键限制是，它无法自动学习和提取任务特定的化学特征。

准确预测模型的发展在很大程度上取决于适当的分子表示。近年来，深度学习技术的出现，使分子表示的新方法出现，并能够生成新的、抽象的和特定任务的特征。这些特征使深度学习方法非常适合预测毒性，这从它们在 Tox21 数据挑战中的成功，可以得到证明。

Tox21 挑战，主要是由食品和药物管理局发起的，旨在评估各种计算方法预测毒性的性能，并评估这些工具在减少体内实验数量方面的潜在价值。多人参与了这一挑战，以评估多任务深度学习方法在预测毒性方面的性能。一个名为 DeepTox 的预测管道赢得了这一挑战，他以深度学习支持自动学习，输出结果与专家知识和经验确定的成熟毒物性质几乎高度一致。

多任务学习，允许一个任务从相关任务中"借鉴"特征，从而大大提高整体表现。这一发现得到了偶然结果的支持。关于多任务目标的预测，最近还报道了多任务深度网络在四种药物数据收集上，相对于随机森林方法的优越性。模型中较低的层倾向于学习毒团的小成分，如磺酸基，而在较高的层中，这些成分合并成子结构或整个毒团。

在大多数深度学习应用中，特定分子的编码由固定长度的向量表示，因此深度学习方法的成功，很大程度上依赖于良好的编码功能将分子结构信息映射到向量中。部分开发者描述了深度学习体系结构，通过从原始分子图中学习相关特征来预测毒性，以克服这一限制。这些结构的典型示例包括，用于预测药物诱导肝损伤的无向图递归神经网络，以及用于预测急性口服毒性的改进分子图编码卷积神经网络结构。

使用大规模多任务网络进行虚拟筛选，可以显著提高预测精度，但这些网络需要在包含数百万数据点的大型数据集上进行训练。这说明，深度学习在预测毒性和药物开发领域的成功，在很大程度上取决于输入数据的数量和质量。将重点放在仅从少数几个数据点学习有意义的化学信息这一问题上，引入了"一次性学习"技术，以提高稀疏数据任务的预测能力。利用迭代求精与图卷积神经网络相结合，形成一种新的深度学习体系结构，通过在相关但不同的任务之间传递信息来训练这些模型。

一次性学习的成功，需要3个关键要素。首先，通过使用相似度度量，比较新数据点与可用数据以及这些新数据点的后续属性推断，使稀疏训练数据的影响最小化。其次，学习一个有意义的距离度量，使这种相似性可转移，以便信息在查询示例和支持集元素之间进行交换。最后，通过图卷积网络，使用一个灵活而有意义的数据表示作为输入。这种体系结构大大提高了在Tox21的有限子集和内部集合上训练的模型的性能，从而恢复了通常使用较少的输入数据丢失的信息。

为了更准确地预测药物的ADMET值，需要更多的研究来建立一个全球适用且可靠的ADMET预测因子。构建可靠的人工智能预测因子时，应考虑几个因素，包括多物种毒性数据，并考虑与计算相关的已知问题。这种方法的一个重要前提是，需要验证和仔细定义人工智能模型的适用性域，在人工智能模型中建立信任。尽管目前基于人工智能的ADMET预测因子仍然不够精确，无法取代生物相关系统中的体外测量，但它们仍有助于推动药物化学朝着正确的方向发展，从而减少解决ADMET相关问题所需的合成周期。

第4章
人工智能让候选药物筛选事半功倍

在药物发现中，第一步也是最重要的一步是识别与疾病病理生理学有关的适当靶点（如基因、蛋白质），然后找到可以干预这些靶点的适当药物或类药物分子，现在我们可以访问一系列生物医学数据库，这些数据库可以在这方面能帮助我们。此外，人工智能的发展使大数据分析变得更加容易，因为现在有无数的机器学习技术可用，这些技术可以帮助提取这些大型生物医学数据集中存在的有用特征、模式和结构。对于靶标识别，基因表达等特征被广泛用于了解疾病机制和寻找导致疾病的基因。

大数据可以定义为过于庞大和复杂的数据集，无法使用传统的数据分析软件、工具和技术进行分析。大数据的三个主要特征是体积、速度和多样性，其中体积表示生成的大量数据，速度表示这些数据的复制速度，多样性表示数据集中存在的异质性。随着微阵列、RNA-seq 和高通量测序（HTS）技术的出现，每天都会产生大量的生物医学数据，因此当代药物发现已经过渡到大数据时代。

在制药行业，人工智能已经成为解决经典化学或化学空间的问题的可行方案，这些问题阻碍了药物的发现和开发。随着技术的进步和高性能计算机的发展，人工智能算法在计算机辅助药物设计（CADD）中得到了增强。人工智能并不是科学家在药物发现和开发方面的新技术，如 Hammett 将平衡常数与反应速率联系起来，Hansch 对药物化合物的物理化学性质和生物活性进行了计算机辅助预测。Hansch 的成功为药物研究提供了一条途径，该研究侧重于化学结构的详细识别和预测，以及药效团和三维结构等特性的表征，并假设与预测化合物的化学表征和生物活性相关的复杂数学方程。然而，在当前时代，科学家的主要目标是通过基于经典化学活动的机器学习算法，以高精度和置信度分数改进药物发现和开发过程。

4.1 从头药物设计

开发从头设计算法来虚拟设计和评估化合物，有可能减少寻找合适针头的时间和成本，尤其是如果人工智能设计与自动匹配化学相结合的话。早期的从头设计算法，使用基于结构的方法来设计在空间和静电上适合感兴趣靶的结合口袋的配体。通过这种类型的方法设计的化合物通常具有较差的 DMPK 性质和合成难处理性。另一种从头设计方法是首先列举大型虚拟图书馆，然后通过对接和相似性/药效团搜索来探索化学空间。

近年来，旨在发现新活性分子的从头设计，已经引入了许多方法和软件解决方案。将多目标优化法集成到设计工作流程中，是计算化学方法最直接的应用。从头设计，可分为两种典型的方法：基于配体的方法和基于结构的方法。基于配体的方法只使用配体信息，如分子相似性或活性模型，而基于结构的方法使用蛋白质结构，在目标结合位点存在的情况下优化设计的配体。

从头药物设计的一个中心问题是确定配体与受体的结合能力。配体识别评分算法，可以估计给定三维结构的蛋白配体复合物的结合亲和力。该方法使用经验评分函数来描述束缚自由能。相互作用参数包括范德华力、氢键、脱溶效应和金属螯合。该法使用线性模型建模解离平衡常数，引入原子类型来区分不同原子对之间的范德华力、氢键相互作用和金属螯合的参数。

在靶蛋白的结构已知的情况下，分子对接可以用来识别可能与之结合的分子。此阶段仅仅是药物与蛋白质结合。对接过程并不能直接预测这种结合的任何药理或生理后果。该分子是否真的能实际结合（更不用说作为抑制剂、激动剂、拮抗剂、反向激动剂等）还需要后续研究。

发现可成药的小分子结构的主要挑战是，合成最少的分子目标，有效地探索化学空间。其中，多目标优化方法，通过对驱动药物设计成功因素的总结，扩大药物化学设计中应考虑的相应的参数数量，避免化合物相关的无效设计。

理想情况下，提高对生物靶点的效价和选择性应与亲脂性、解离度和适当的配体效率等因素一起进行评估，以增加代谢稳定性和膜通透性，同时最大限度地减少非靶点结合和转运体亲和力。

在实际药物发现过程中，大量的化学空间探索中需要优化的并发参数可能无法在单个分子中实现。近几十年来，快速平行合成化学技术取得了长足进步，多样性导向合成作为化学范式出现，但对所有化学空间的全面实验探索是不现实的。过早地将合成工作集中在化学空间的局部区域，可能会忽略更有可能满足更多参数要求的解决方案的机会。

客观地探索广泛的化学空间和解决多目标优化中的相关挑战，是计算化学应用的一项重要任务。通过使用计算机程序，自动评估"非常大的化合物库"，来识别在药物发现中的苗头和先导化合物的过程被称为虚拟筛选。

虚拟对接，包括将一个小分子最佳地拟合到一个大分子中，并评估该拟合的质量。从这两个分子的合适结构开始是很关键的，通常来说，期望蛋白质和配体的构象与之前相同是不现实的。同样地，将一个配体分子从蛋白质晶体结构中切割出来，然后将完全相同的构象对接到完全相同的空腔中，也是一个不切实际的简单测试。

对接方法的一个要求是彻底探索搜索空间，这样就不会错过蛋白质和配体或姿态的正确配置。即使蛋白质和配体都是刚体,没有构象的灵活性,搜索空间也已经是六维的,增加了配体的灵活性和蛋白质的一些构象自由,显著增加了有待探索的空间。这意味着,理想情况下,配体很适合结合位点,没有明显的冲突或空隙。

其中蛋白质和配体结合具有形状和化学互补性。这意味着,理想情况下,配体能很好地嵌入结合位点,不会产生明显的碰撞或空洞。氢键、极性和疏水基团也被适当地定位。使用一个具有能量维度的函数来近似蛋白质-配体复合物的自由能是很常见的,虽然不是强制性的。为了有更好的效果,需要一个快速评估的能量函数,既可以评估当前配置的质量,也可以指导寻找更好的解决方案。而且,尽管与真实模式有差别,但全局最小值尽可能接近正确的位置。分子力学力场可能提供适当的能量函数,特别是它们很可能产生梯度,可以引导搜索到能量分布上的局部或全局最小值。这是解决搜索和优化问题的众多方法之一。

从头药物设计旨在产生符合特定标准的化学物质,包括对靶点的疗效、合理的安全性、合适的化学和生物特性、足够的新颖性,以确保获得知识产权等。在新算法的帮助下,进行计算分子的设计和评价,从头药物设计被认为是一种有效的手段,以减少制备大量的新化学结构花费的时间、金钱,并高效地识别化学基因组研,从中找到可以作为先导物的起点结构。

早期的从头药物设计方法,无论是直接从蛋白质结构还是从已知配体的特性推断,几乎完全使用基于结构的方法,在目标的结合袋的约束内生长配体。这些早期方法的一个局限性是,生成的结构制备难度大,药物成药性差。

最近,基于配体的从头设计方法已经证明了其在药物化学中的适用性。生成的化合物库,可以通过评分函数进行额外的分析,该函数考虑了一些特性,如生物活性、合成可行性、代谢和药代动力学特性等。构建这样一个虚拟库的一种方法是使用化学反应子集、一组可用的化学构建块,以及一个合成可获得的分子池。

4.2　药物筛选的一般方法

(1) 虚拟筛选。

药物的设计和开发是一个非常漫长而昂贵的过程。虚拟筛选的最大好处是,它完全是用生物信息学进行的,可以避免花费时间和金钱来购买、合成和分析不合适的分子。一个成功的虚拟屏幕就是一个生物信息学涵盖的集合,它大量丰富了可能的活动,与原始的虚拟库相比,其中包含的比例要高得多。

虚拟筛选是一系列计算工具的名称,用于搜索化学数据库,以识别对特定生物目标表现出活性的分子。这些工具被广泛用于降低药物发现的成本，过滤掉在传统生物筛选中不太可能产生积极结果的大量典型数据库。

虚拟筛选主要有两种类型，当生物目标的三维结构可用时，可以使用基于结构的方法；在缺乏这类结构信息的情况下，可以使用基于配体的方法，如相似性搜索、药效团映射和机器学习等。虚拟筛选方法的选择取决于可用数据的数量和类型，与方法的相关计算需求有很大差异。例如，三维虚拟筛选方法可能需要为正在搜索的数据库中的所有分子生成低能量构象。

相似性搜索是基于配体的虚拟筛选中最简单和最广泛使用的工具之一，因为它只需要一个已知的生物活性分子或参考结构作为数据库搜索的起点。相似性搜索的基本思想是相似的性质原理，即结构相似的分子将表现出相似的物理化学和生物学性质。近年来，许多测量分子结构相似性的方法已经被广泛使用。最常见的方法包括，使用具有二维指纹特征的分子，以编码分子中二维片段亚结构，然后计算两个分子之间的相似性，使用一对结构共同的亚结构片段的数量和一个简单的关联系数。

（2）配体识别评分。

现今，基于结构的药物从头设计是计算机辅助药物设计的主要手段和方法。基于靶点的结构，通过评价氢键作用、共价键作用及范德华作用，识别能够与靶蛋白结合的优势结构。对药物化学家来说，准确预测出目标结构与蛋白的结合能力是非常重要的。评价目标结构与靶蛋白的结合能力，主要有三种方式，包括基于经验的评分方式，基于知识的评分方式和基于物理的评分方式。基于经验的评分函数，计算效率高，函数简单。但它也有局限性，它很难发现亲和力和用于建模的晶体结构之间的联系。基于知识的评分函数，根据数据库当中的原子平均力势，这种原子之间的作用往往忽略周围环境的影响，但实际上，环境的影响是不可以忽略的，并且数据集有限，无法包括所有的化学类型。基于物理的评分函数利用实验信息进行量子力学计算，一般需要大量的计算，评估成本较高。

第一种方法是结合能值预测的方法，通过使用评分函数，来预测给定几何形状的蛋白质-配体复合体的结合自由能，或等效的结合亲和力。对接完成后，可以重新评估最佳姿势。这个评分函数，既不受非常快速评估的限制，也不受任何需要其梯度来引导能量分布，搜索达到有意义的最小值的限制。因此，它不一定与对接内用于优化的能量函数相同。尽管如此，使用分子力学力场进行评分仍然很常见。这可能涉及相关溶剂环境中的分子力学计算。

第二种流行的方法是开发经验评分函数，原则上，评分函数中与对结合自由能、物理意义上热力学贡献之间存在直接的对应关系。然而，这些参数是从数据中通过经验得出的。拟合通常只针对总束缚自由能，所以单个项的精确值不那么重要。

第三种方法，是使用已知的蛋白质-配体复杂结构作为知识库。这些基于已知情况的评分函数试图描述蛋白质-配体结合，并最终使用平均力形式预测结合亲和力，给真实复合物原子间距离分布相似的复合物很好的分数。它们只需要结构数据，而不需要绑定的亲和力作为输入，对蛋白质-配体复合物中的原子-原子距离进行采样，然后将它们作为准化学平衡产生的变量来处理，然后应用反向玻尔兹曼方法，将距离的直方图转换为一个自由能函数。当所有的蛋白质-配体原子-原子的贡献加起来时，所产生的结合能平均大约大了十倍，与实验数据的相关性很好。

这个误差的数量级实际上很容易理解。在液体和气体的统计物理学中，原子-原子距离本质上是自变量，可以在环境温度下平衡的假设下采样，蛋白质-配体复合物中的原子-原子距离也不是这样的。在蛋白质-配体的相互作用中，分子的拓扑连通性，意味着配体分子和蛋白质之间的不同原子-原子距离绝对不是独立的，相反，它们是强相关的。因此，虽然数学假设一个是抽样自变量，但实际上，是对高度相关的变量抽样。因此，信号的概率强度被高估了，并预测了过强的结合能。原则上，人们可以尝试找到一个粒度，以最小化这个误差。然而，这样的尝试将是经验性的，似乎不能在这种蛋白质-配体的背景下被严格地证明。因此，人们将相反的玻尔兹曼技巧简单地看作是一种将原子-原子距离的直方图，转换为具有能量维度和适当极限性质的适当函数，而不尝试提供任何物理或数学证明。这些困难可以通过使用机器学习方法，获得基于知识的潜力来克服。在基于知识的评分函数的生成中，添加一个机器学习组件，允许它们利用绑定亲和关系和结构数据。

此外，也可以使用共识评分方法，将不同的评分函数组合到一个单一的预测中。这可以充分利用已知与目标结合的分子，以三维排列覆盖，获得共同结构特征的最佳匹配：氢键供体或受体、疏水基团、芳香环、带电基团等。

所得到的模板被称为药效团。药效团通常是一个分子的一部分结构，需要具备一组特征组成，以及它为了结合目标而必须满足的几何约束条件。这些都是一组分子以相同的方式与给定的结合位点相互作用的必要不充分条件，从而产生相同的药理作用。由于药效团是基于活性分子的，正在测试的假设与活性有关，而不仅仅是结合。很有可能，另一组分子可能与同一受体或另一个受体相互作用，从而产生相同的效果。这些都不会被最初的药效团所覆盖。

即使在目标结构存在的情况下，药效团的生成也可能仍然是一个有用的替代对接。蛋白质结构的存在，将允许直接从大分子坐标开发一个药效团模型。一个药效团可以用于虚拟筛选，在一个只需要存在于生物信息学中的大型化学结构库中搜索命中点。在这里，至关重要的是，生物学相关的三维构象的生成和搜索。这种几何形状可能与分子的最小能量构象完全不同，无论是孤立的还是固态的，虽然它广泛符合药效团建模的传统原则。

利用机器学习，自动生成基于晶体结构数据的交互模型的方法。这些基于药效团的模型可以用于虚拟筛选，或者用于指导从头分子设计，而不是文库搜索。

（3）形状识别方法。

基于配体的识别归属于形状识别方法，使用正式的药效团模型，根据分子形状将虚拟文库中的结构与已知的结合物进行比较，有时还与其他特性相结合。该方法利用分子间原子距离分布来描述分子。有三个重要的特性：第一，力矩与大小无关，允许对具有相当不同原子数量的分子进行比较。第二，与传统方法相比，描述三维化学结构的数据要少得多，整个分子为 12 个描述符，而不是具有 n 个原子的化合物的 $3n$ 个坐标。第三，也是最重要的，该方法并不依赖于显式的分子排列。

（4）分子相似性搜索。

虚拟筛选中最简单的方法之一是分子相似性搜索。同样，正如在形状识别中一样，其目标是在虚拟库中找到与之类似的已知活性或活性分子。现在，相似性的定义是基于化学描述符，而不是形状描述符。该法假定结构相似的分子将具有相似的生物活性。这是类似性质原理的一个例子，即由一组基于结构的描述符定义的"化学空间"中紧密相连的两个分子比两个相距较远的分子更有可能共享相似的性质。相似性搜索说明，关于分子，决定其生物活性的机制并没有什么新信息，因为没有考虑到蛋白质靶标的结构。尽管如此，我们可以合理地推测，表现出相同生物活性的高度相似的分子，可能与目标产生类似的相互作用。

为了进行相似性搜索，可以在计算机中对化学结构进行许多表示，从而为每个化合物产生一组特征。其特征，可以是单个原子或原子群，或计数或键碎片的拓扑指数，或物理化学性质的计算或估计值，如对数 P；可以是电子性质如轨道能量、原子部分电荷、极化率或偶极矩，可能来自半经验量子力学；也可以是形状、表面积、体积、分子量。然后这些特性形成一个向量，在描述符定义的化学空间中，定位一个给定的分子。如果不同特性的值具有不同的范围，则通常会对它们进行缩放。由于许多特征将相互关联，因此通常是通过消除每一对高度相关的描述符，或使用主成分分析等技术，来减少空间的维数。然后，搜索依赖于计算化学空间中两点之间的距离度量，如欧几里得距离或曼哈顿距离，或相似性度量，如谷本系数。因此，人们可以找到其他与已知活性分子具有高度相似性，或较小距离的分子。

重要的是，该法要理解用于描述分子的特征、描述符和指纹。它们没有单一的正确定义，相反，一个给定的定义，可以通过分析具有相似结构和相似性质的分子对的高相似性，来得到经验证明。

（5）多靶点预测。

新化学物质的发现需要在设计过程中平衡几个标准，包括目标效价、选择性、清除率和渗透性。然而，对其中一个属性进行优化可能会损害其他属性。这种潜在的冲突目标的问题可以在计算框架中进行转换，也被称为多参数优化、多目标规划、向量优化、多迭代优化、多属性优化。药物发现和开发领域已经在很好地利用这些计算技术，目前这些技术与机器学习作为人工智能的一个分支。

多目标化设置中，需要访问每个所需属性的一组计算预测模型，然后可以应用许多现有多目标化算法中的一种来尝试解决潜在的优化问题，即找到一个或多个平衡所需属性的分子。由于这些属性经常发生冲突，我们的目标是生成一组可能的解决方案线索，每个线索都以不同的方式进行权衡，但解决方案集的任何成员都无法在一个属性中得到改进，而不在不同的属性中放弃某些东西。在后一种意义上，每个解决方案都是最优的。这组解可以被认为是描绘出一个最优性的边界，沿着边界移动会产生一组最优解，每个最优解都有自己的交换属性的方式。

追踪这种边界的目标所固有的事实是，我们缺少全面的信息集。特别是，如果确切地知道如何权衡各种药物设计标准，有时在项目开始时，就可以使用更传统的计算优化方法来寻找优化精确已知权衡函数的分子。然而，在药物发现领域，就像在许多领域一样，开发过程是迭代的，而不是分析性的，具有大量的"人为因素"成分。例如，一个药物化学家，提供的专家知识和决策，还不能被统计和机器学习模型编码，要么是因为缺乏相关数据，要么因为问题本身就很困难。因此，多目标化的目标是生成一组不同但实际上最优的特定分子设计挑战的解决方案，随后，这些解决方案被交给人类专家，以筛选深入的、隐含的知识和直觉。

基于相似性方法，最有价值的改进是将其扩展并应用于搜索多个目标。原理很简单，每个分子都对大量与已知不同目标关联的化合物进行相似性评估。因此，输出不是返回一个单一的活性，而是一个生物活性谱，显示了每个化合物对每个目标的预测活性。

多靶点预测，在提供药物潜在副作用的快速计算评估方面具有明显的应用价值。显然，预测与多个靶点的混杂相互作用，可能是药物开发项目的一个良好指示。从更积极的方面来看，多靶点预测可以帮助预测和合理化多药理活性，其中，一种药物通过与多种蛋白质相互作用而起作用。这种计算方法甚至可能对现有药物梳理出新的作用机制。

因此，多靶点预测在计算毒理学中是非常有价值的。在越来越重视动物伦理的环境下，计算方法将在毒性预测中发挥越来越大的作用。使用的模型将从简单的结构过滤器中，通过量化，特定于一个毒性相关的目标或终点，或本地配体化学空间，类似之前讨论过的复杂的目标预测方法。

（6）反向 QSAR。

反向 QSAR 方法从一个不同的角度处理从头设计任务，而不是首先生成一个虚拟化学库，然后对基于相似模板的化合物进行评分和排名。反向 QSAR，试图找到一个显式反向映射分子描述符，然后从描述符空间的有利区域映射回相应的分子。反向 QSAR 方法的主要障碍在于，选择一种分子表征，该分子表示信息丰富，不仅适合充分处理给定生物特性的正向 QSAR 任务，而且适合于后续的重建阶段。

为了避免忽视有吸引力的候选分子，增加生成结构的多样性和新颖性，应该使用大片段库。这是以增加片段交换和相似性搜索过程的成本为代价的。许多从头药物设计方法，利用一组分子构建块或合成化合物片段，进行分子组装，以减少产生不利化学结构的风险。药物化学家们创建了一个基于简化分子输入线输入规范的化学语言模型，以规避过多无效结构的问题。

要解决这个问题，主要努力集中在通过生成模型隐式学习这种转换的方法上。深度生成网络，鉴于其处理序列数据与长期依赖的关系，在没有任何明确的先验化学库的情况下，在从头药物设计中显示出可喜的前景。

为了实现分子设计，需要对额外的多层感知器进行训练，以基于分子的潜在空间坐标，来预测合适的特性。预测任务在重建任务上进行联合训练，当给定编码分子的潜在向量时，可以通过向最有可能改善目标特性的方向移动，将新的候选向量，生成并解码成相应的分子。同时，该模型对电子性能具有良好的预测能力。此外，在采用结合药物成药性和合成可行性等混合优化目标后，该模型能够执行迭代的、基于梯度的优化，以更好地匹配所需的分子特性。

经过简化分子输入线输入规范表征训练的循环神经网络，既可以学习生成描述符，也可以生成与模板化合物性质相似、但支架不同的候选分子。该方法的从头药物设计，采用了转移学习，首先将循环神经网络模型在大量分子上进行训练，然后进一步用小组活性分子进行再训练，以使采样分子偏向于给定的模板集。

基于机器学习的表征空间内分子识别，属于一种新的训练集生成方法。该方法包括两个步骤。第一步是使用字符级，来学习给定化学子集字符串中字符的概率分布，然后是后处理来消除无效价、芳香性的结构，从而模拟具有相似特性和不同支架的分子输出。在细胞分析中，研究发现，模拟生成的化合物可以作为未折叠蛋白反应和 VEGFR2 通路的抑制剂，以证明模拟输出结果，并可作为药物从头设计的先导物。

上面提到的方法，允许生成包含天然产物样特征的化合物，同时仍然保留一些典型小分子化合物的合成可行性，并保证结构多样性。此外，此方法使用简化图表示分子的描述符，然后生成满足药物形态模板的相应参数，将分子属性信息与分子的潜在表示连接起来。该模型的性能是通过生成具有五种目标特性的类药物分子的特定值来证明的，包括分子量、分配系数、氢键供体和受体的数量以及拓扑极性表面积，满足可接受的误差范围，并通过创建具有可变对数 P 值的类似物，限制其他特性。

但全新设计在药物发现中尚未得到广泛应用。这至少部分与化合物的产生有关，这些化合物在合成上难以获得。由于人工智能领域的发展，该领域最近出现了一些复兴。

　　关于量化生成的化合物的多样性的最合适的方法，一直有一些争论，包括模型自身和化合物的训练资料库。这种方法可以以直接的方式扩展到其他此类分子表示，并允许直接测量微调，使取样偏向给定目标空间。

4.3　人工智能辅助药物筛选

　　计算药物化学的未来趋势，可能包括越来越常规地使用信息学方法来预测脱靶和在靶上的生物活性，包括可能的副作用（图 4-1）。随着动物实验数量的减少，对毒理学终点

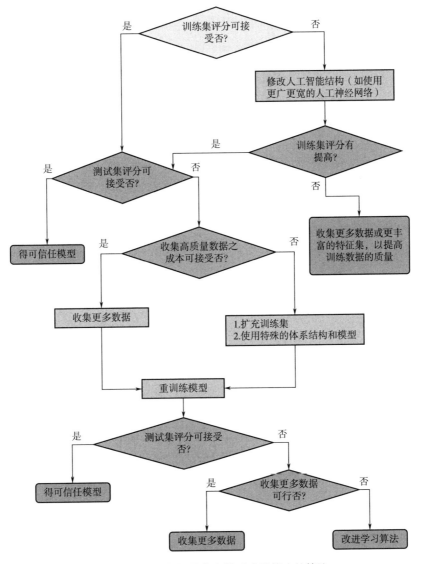

图 4-1　指导数据收集和模型改进策略的算法

的计算预测将变得越来越关键。相当一部分药物以酶作为它们的靶点。随着人们越来越强调理解药物治疗疾病的作用机制，化学信息的重要性不言而喻，可以期待，药物设计和计算酶学之间出现一个越来越有效的界面。我们对酶机制的日益系统化，将促进这一过程。我们还可以期待药物化学和系统生物学之间越来越重要的相互促进作用。

虽然人工智能为科学家提供了新的挑战和很多新的工具，但一些科学家对此持怀疑态度，期待在药物发现过程当中看到更加显著的影响。生物学和免疫学已经取得了长足进步，高通量合成及活性筛选也广泛应用，但新药的开发仍然是一个耗时的过程。大量的药物研发人员投入了巨大的精力，但临床试验的高失败率导致新药研发困难重重。因此，需要更加创新的方法寻找低成本的研究方案，为更多的患者提供治疗药物。

长期以来，计算机辅助药物设计被认为是降低药物研发投入，提高药物研发成功率的有效手段。随着继续学习和数据处理能力的提高，计算机辅助药物设计能帮助我们更快的寻找到候选药物。

过去，小分子药物的发现大量依赖于高通量筛选，此过程需要制备大量的小分子结构，但机体生物环境的复杂性影响药物活性的多因素性，导致成功率极低。在药物筛选过程中，需要考虑很多因素，包括靶点结构、多靶点的选择性、药物的代谢、毒理作用等一些重要的参考指标。

应用人工智能进行药物设计首先要考虑的是寻找到合适的数据集。合适的数据集对建立预测模型至关重要，否则即使一个非常完美的模型，也无法解决关键问题。在评估数据集时要看此数据集是否考虑到建模的重点，一个可靠的药理学模型能够减少药物开发时间。

虽然近代药物研究已经发表了千万篇药理研究论文，但相比于复杂的体内生理学环境，现有的体内药理数据仍显得单薄和有限。现有的方式是采用体外实验结果，替代体内实验。但体外实验结果与体内的药理作用往往表现出巨大的差异。

这种差异并非是体外药理结果特有的，一般情况下动物的药理实验也往往与人体的实验结果仍存在巨大的差异。同时，在体外作为靶标的蛋白结构，也往往与体内有着巨大的结构差异。这些复杂的因素左右着建模的效率。人工智能药物设计的最终挑战是从零开始自主生成具有所需性质的新化学实体，而不需要通常成本高昂的全层高通量筛选。

在药物设计中应用人工智能的部分吸引力在于，有可能开发数据驱动的隐式模型构建过程，由高能量筛选产生大量数据集，并对替代方案进行优先排序。这至少代表了决策能力向机器智能的部分转移，并可以被视为与人类智能的协同作用，即一个领域特定的内隐式人工智能，它将增强药物化学家在药物设计和选择方面的能力。

为了从长远来看取得成功，使用人工智能进行药物设计，必须为几个问题提供解决方案，这些问题包括五个"重大挑战"：获得适当的数据集，生成新的假设，以多目标的方式进行优化，减少周期时间，改变研究文化和创造适当的思维方式。这一观点是 2018 年关于与人工智能重新思考药物设计的会议提出的，会议围绕这五个重大挑战的讨论，并得出了主要结论以及对自那以后的进展进行讨论。

适当的输入数据对于构建决策和生成的有用预测模型至关重要。如果没有一个适当的数据集和对这些数据的范围和局限性的理解，即使是一个看似复杂的模型也将无法产生有用的结果。

化学设计可以被认为是模式匹配，自 20 世纪 90 年代以来，基于计算机的重新设计方法已经被探索作为思想生成器来支持药物设计。今天，生成性人工智能通过为决策提供了一个统计框架，为药物的重新设计提供了一种新的方法。与早期的分子设计引擎使用了一组显式的化学转换和组装规则（如片段生长和链接）相比，这些生成模型根据数据分布的统计概率隐含地代表了化学知识。换句话说，这两个不同概念所使用的语言不再是教科书上的化学，而是从训练数据中学到的一种新语言。

这种方法值得进一步讨论，因为它直接涉及化学中人工智能系统的可解释性问题。开创性的前瞻性应用已经表明，生成性的从头设计会产生具有所需性质和活性的合成可及分子。与以前的从头设计方法相比，这些模型的主要优点是：手头项目的快速再训练或微调；可伸缩性提供不需要明确的几乎无限化学空间；软件可用性；以及设计的合成可访问性。这给许多早期的从头设计方法造成了麻烦。

药物设计将面临越来越复杂的数据和目标假设。药物发现过程中的一个关键局限性是缺乏关于人类生物学的基本知识。虽然这一观点关注药物设计，但前一点意味着在优化和设计过程中需要适应性，因为生物分析在被研究系统的生命周期中往往随着知识的进化而迅速变化。因此，随着药物发现知识的发展，人工智能需要灵活地提供答案。

另一方面，"机制"模型能够通过捕获不同抽象层次的行为（如遗传、分子和细胞），并解释这些行为如何进化和相互作用来解决这两个挑战。在计算化学中，机制模型是对基于人工智能的方法的补充，因为它们可以为机器学习模型发现的关联添加解释。因此，这些模型提供新的假设和机器学习模型，并提供进一步的数据来测试这些假设和改进模型，这就形成了一个虚拟循环，创建了一个完整的学习系统。

（1）机器学习。

信息化时代，大数据应用无处不在。对新药设计来说，通过对现有结构的数据进行多角度的分析，可以系统地研究分子的特征。同时数据信息每年都在成倍的增加，给人工智能提供了庞大的信息数据库，为药物化学家提供了多种结构特征。大数据在药物组合化学中发挥了至关重要的作用。

人工智能通过计算机技术，模拟药物化学家的设计思路，通过机器学习和解释药物大数据来发现新的结构。许多生物制药企业正将人工智能、机器学习与药物发现管道集成起来。辉瑞自 2016 年 12 月以来一直与 IBM 合作，利用其云平台进行免疫肿瘤学药物研究。赛诺菲也正在与总部位于英国的人工智能驱动药物设计公司合作，寻找治疗代谢疾病的方法。

机器学习可以分为有监督学习、无监督学习和强化学习，并在分类、生成建模中得到应用，监督学习、分类和回归方法，根据输入和输出数据源来预测模型。有监督机器学习适用于疾病诊断的方法中，分类方法对于筛选合适的 ADMET 大有帮助。

机器学习利用生物活性和化学结构之间的关系来开展药物设计工作，通过学习技术对生物靶点（蛋白质结构、结构域、跨膜区域、糖基化和磷酸化位置）的结构进行预测和验证，并建立和定量结构活性关系模型、药效团模型、分子对接分析和相似性搜索中的排序。机器学习技术通过对药代动力学和毒理学谱进行分类，结合对生物活性先导化合物的发现或优化，以及构建新配体模型来实现新药物的设计与挖掘。

与经典的评分函数相比，机器学习不仅仅将分析限制在结构特征和绑定亲和值之间的预定义函数形式上。机器学习是构建和优化模型以预测绑定姿态和亲和性的动态技术。这些方法考虑了配体和靶标之间的相互作用，而忽略了容易出错的相互作用。此外，机器学习技术的多种方法，如随机森林、支持向量机和神经网络，在绑定相互作用之间具有非线性依赖性。因此，基于机器学习的评分函数在结合能计算的情况下比其他方法更好。另一个被称为共识评分的评分函数使用集体分数来最小化个体分数的错误率，并增加真正的积极选择的可能性。

针对结合亲和力的预测和已知结合构象的重现性，许多研究都对各种评分函数的效率进行了比较。所有的现代评分函数在不同的条件下都有不同的准确率。因此，共识评分函数比单评分方法表现更好，并广泛应用于各种生物信息研究学。共识评分函数补偿了单个评分函数的局限性。它通过基于一个简单的原因结合多个评分函数来提高命中率，真实值往往更接近重复实验的平均值。

机器学习的输出依赖于多个参数，如训练数据集的多样性、处理库中活性和非活性化合物的不平衡数据集的能力，以及定义精确参数，覆盖包括活性和非活性分子在内的完整化学空间。因此高效的机器学习模型的开发，可以筛选在输出中产生少量假阳性和大量活性化合物的大型库。这一目标可以通过包含预测的非活性化合物的多功能训练数据集来实现。

（2）深度学习。

人工神经网络属监督神经启发机器学习技术，被用来解决语音和图像识别等问题。人工神经网络是作为大脑中神经元的机器学习算法：它们接收大量的输入信号，并通过非线性激活函数计算输入的加权和产生激活反应，并将输出信号传递给随后连接的神经元。神经网络的基本结构由输入层、隐藏层和输出层组成。

在人工神经网络中，处理节点可以是完全连接，也可以是部分连接。它从输入节点中获取输入变量，并通过隐藏节点转换为输出节点，在其中计算输出值。人们通过反向传播方法，对神经网络进行迭代训练。由于过拟合、梯度减小等问题，传统的神经网络方法表现不佳，已被随机森林算法和支持向量机等其他机器学习算法所取代。

深度学习概念起源于具有许多隐藏层的前馈神经网络。通过传统的 QSAR 方法，不可能进行大数据量、速度、多样性和准确性的表征。深度学习是用于分析和探索大数据的机器学习算法，其需求很大。与其他机器学习方法相比，深度学习体系结构是灵活的。可对具有相同数量分子描述符的化合物建立模型。

贝叶斯推理网络，为现有的基于相似的虚拟筛选工具，提供了一个有趣的替代工具。当被寻找的活性分子具有高度的结构同质性时，贝叶斯推理网络特别有效，但它已被发现在结构异构的活性分子中表现不理想。

深度学习的转化影响，已经扩展到计算生物学和计算化学等领域。其中一个里程碑时刻是一个深度神经网络赢得了对分子活性预测的 Kaggle 挑战。最近，在分子网基准测试和 DeepChepchem 开源库中整理了更多基于分子的数据集和预测任务。多种机器学习方法可以用来预测不同活动类别中的目标。在具有回归任务的模型中，最佳验证 r^2 的物理化学范围为 $0.61\sim0.87$，生物物理验证范围为 $0.45\sim0.51$，量子物理验证范围约为 0.99。

（3）强化学习。

通过微调预训练集来改善上面的问题。最近提出的序列图，通过任务特定添加强化学习，优化 logP、成药性的定量估计。奖励函数倾向于产生结构相对简单的分子，因为它们的有效性和正确属性分布的概率都较高。但选择适当且有用的奖励函数比较困难。近期提出了基于策略的强化学习方法，通过引入一种"增强可能性"方法，来扩展之前的工作。从本质上说，这涉及化学空间中预先训练的网络和评分函数，通过对分子质量的估计来训练一个代理集，以指导模型生成仍然代表原始化学域但反映所用评分函数意图的输出示例。

此外，该模型可以生成类似于结构查询的分子。即使从训练集中去除所有这些化合物，也可以产生结构相似的类似物。部分结构已通过药理学实验被证实是有效的，但并未包括在活性预测或生成模型的训练集中。

强化学习的另一种方法是迁移学习方法，它旨在通过使用先前任务训练中获得的见解，将它们转移到一个新的相关的任务中。迁移学习可以将小片段组装成更大的类药物分子，无论模型是在片段还是更大的分子上训练的，性能都是大致相似的。强化学习方法已应用于药物设计的多个方向，如生成针对腺苷 A2A 受体的配体。

（4）递归神经网络。

最初，它们是在自然语言处理领域建立起来的。递归神经网络以顺序信息作为输入。由于以字母序列编码化学结构，递归神经网络已经被用于生成化学结构。为了训练神经网络的语法，递归神经网络用大量的化合物进行训练，这些化合物来自现有的化合物集合，如 CHEMBL 或商业上可用的化合物。结果表明，递归神经网络能够产生大量有效的字符串。

（5）迁移学习。

迁移学习是另一种产生具有所需生物活性的新化学结构的方法。在第一步中，使用网络收集一个大型的训练集。在第二步中，使用具有所需活性的化合物进行训练。不需要额外的训练，它足以使新化合物的产生偏向于被活性分子所占据的化学空间。此方法结合了几种不同的架构，可以探索新的化学空间，生成的分子的性质分布与训练空间的化学空间相似，能够生成有效的、有意义的新结构。

迁移学习技术被用于微调模型，以产生在结构上类似于聚焦目标的小化合物库。从单个受体结合片段开始，该法使用循环神经网络模型，可以依次生长剩余的分子片段。在微调过程中，该法使用少量的代表性分子，以生成具有类似结构特征的化学子集，用有限数据进行同导联优化。在实际应用中，用于学习分子指纹如何变化的两层编码器，一个用于重建输入的两层解码器，另一个潜在的中间层作为鉴别器。一旦训练阶段完成，该法就可对采样的潜在向量进行解码，生成指纹向量和相应的药物浓度。

自动编码器方法，在重建质量和处理大数据集方面，可以优于同等结构的变分自动编码器，但代价是失去一些化学空间的覆盖范围。变分自动编码器和自动编码器，作为无监督提取器生成模型，用于预测分子的水溶性。该架构的局限性包括，使用二值化的化学化合物描述符向量，和对化学文库筛选输出指纹有较高的要求。新的自动编码器模型，改进了原始的监督对抗自动编码器架构，允许开发者合并目标和潜在的解纠缠变量，本质上是一个降低复杂程度的过程。

一种有趣的方法是变分自动编码器，它由两个神经网络、一个编码器网络和一个解码器网络组成。解码器能够将来自该潜在空间的向量转化为化学结构。该特征用于计算模型，寻找潜在空间中的最优解，并通过解码器将这些向量反向转化为真实的分子。对于大多数反向翻译，一个分子占主导地位，但小的结构修饰存在的可能性较小。

对抗性自动编码器，由一个生成新的化学结构的生成模型组成，具有判别的对抗模型被训练来区分真实的分子和生成的分子，而生成模型则试图掩盖具有判别的分子。在生成模式下，对抗自动编码器比变分自动编码器产生更有效的结构，可以得到一条具有改进的目标特性的分子路径。

最初的方法只是简单地将标准化的目标变量，连接到一个分子的潜在向量表示上，后期，开发人员提出了两种方法，第一种方法是预测解纠缠，它使用神经网络模型来学习，并去除冗余变量。第二种方法是联合解纠缠，它训练网络来区分真实的 z 和 y 变量对，以及噪声对和 y 变量的影响。

分子结构的产生，不是产生一个原子一个原子的分子序列，这可能会导致无效的冗余分子。在生成阶段，它在深度优先搜索中逐节点生成一个连接树，在每个点，评估任何给定的节点是否应该有子节点，如果有，添加它们并预测它们的子结构标签。在这个过程完成后，对与每个子结构标签相匹配的子结构，进行评分和放置，从而得到一个完整的分子。如果连接图中没有有效的候选节点，则对新节点重复此过程。作为这个过程的一部分，价规则被用来帮助确保测试集上构建有效的分子。作为一个扩展，其可以对潜在空间训练药物可能性预测器进行定量估计，并使用该预测器，指导采样轨迹，对药物可能性评分生成的分子进行更高的定量估计。

先导结构的确定，依赖不同的目标特性，如特定蛋白质的活性、溶解度，或制备难易度。基于人工智能的虚拟筛选，结合体外合成并测试，具有中等的活性和靶标选择性，显示了具有新颖结构候选药物的潜力。

但是，这些方法并非没有问题。训练模型生成服从化学逻辑的新颖结构，但要满足所有期望，仍然是一项具有挑战性的任务。正在研究的架构组合，结合相关领域的新想法，可以帮助完成诸如与特定支架生成类似物、提高药物成药性、合成可行性以及合理设计等多种任务。在基于人工智能的从头药物设计领域，几乎所有的生成模型，没有考虑目标蛋白质的结构信息，尽管存在用于预测蛋白质-配体结合亲和力的包含蛋白质结构信息的例子。最常用的技巧是利用小分子活性，采用额外的对抗性方法或强化学习方法，来引导生成过程达到特定期望的标准。

人工智能的概念诞生于 20 世纪 70 年代，在 QSAR 研究提出后被用于药物发现。在药物发现的早期阶段，用于模型开发的常用计算方法是线性回归。在这些早期的研究中，用于建模的化学描述符也仅限于化学结构特征，如原子类型和碎片描述符。

人工智能在药物发现方面的进步首先是由于新型化学描述符的发展，如拓扑描述符和分子指纹，这大大增加了从训练集计算出的描述符的大小或类别。

分子指纹包括有限的拓扑距离、官能团的基本物理化学参数及复杂的多点三维药效团排列，在长度和复杂性上差异很大。这一事实使拓扑指纹对于将化合物聚在一起特别有用，类似于药物化学家如何将化合物划分为结构相关的组。结构关键指纹将预定义的功能组、子结构或片段联系起来。药效团指纹通常聚焦于三联体或四联体特征，将药效团特征分配给单个原子或一组原子。

机器学习不是使用所有可用的描述符，而是将描述符选择集成到建模过程中，如遗传算法和模拟退火。机器学习没有使用线性回归，而常用的建模研究是基于非线性建模算法的，如支持向量机和随机森林。同时，机器学习更强调模型验证，将其视为建模的必备组成部分。使用这些新的机器学习方法开发的模型，需要通过交叉验证、外部验证或实验验证进行验证。

近年，除了人工智能的发展，硬件的计算能力和可用的建模数据得到了显著的提高，促进了药物设计的进一步发展。早期，通过简单的算法对小训练集的计算建模，不需要显著的计算能力。计算能力的进步和药物生物数据的可用性使新的建模技术的应用成为可能。

人工神经网络方法形成了数百个人工神经元，这些神经元以网络的形式与量化权重相连。单个神经元可能在预测输出方面有一些有效性，但实际的预测是由数百甚至数千个神经元组成的网络做出的。由于人工神经网络从输入数据中学习，因此它们代表了一种优秀的机器学习方法，用于构建变量和目标生物活动之间的非线性关系。使用各种机器学习方法的先进人工神经网络，需要强大的计算能力。

基于深度神经网络的多任务学习是一种允许同时对多个相关任务进行建模的方法，通过多任务学习对几个生物相关终点进行建模，分析共享相似机制的生物活性，用于药物发现。通过减少过拟合、解决偏数据问题和从相关任务中识别变量，该法已经显示出优于传统 QSAR 模型的性能。

这些深度神经网络模型的高性能展示了使用深度学习方法来建模大数据集和选择有意义的特征的优点。然而，深度学习和机器学习建模之间的比较结果好坏参半。深度学习是一个全新的正在应用于计算机辅助药物发现的概念，因此没有选择相关建模参数或构建建模工作流程的通用标准。

4.4 人工智能改造传统的药物设计

（1）分子动力学模拟。

多年来，计算方法在药物设计和发现中发挥了重要作用，改变了药物设计的整个过程。然而，许多问题，如时间成本、计算成本和可靠性，仍然与传统的计算方法有关。人工智能有可能消除计算药物设计领域的所有这些瓶颈，它还可以增强计算方法在药物开发中的作用。此外，随着基于机器学习的工具的出现，确定靶蛋白的三维结构变得相对容易，这是药物发现的关键一步，因为新药是基于蛋白质的三维配体结合环境设计的。

此外，量子力学用于在亚原子水平上确定分子的性质，以及用于估计药物开发过程中蛋白质与配体的相互作用。量子力学在计算上非常昂贵和苛刻，这会影响其准确性，这时需要使用传统的计算技术。

有了人工智能，量子力学可以变得更加用户友好和有效。SchNOrb，一种深度学习驱动的工具，可以准确预测有机分子的分子轨道和波函数。有了这些数据，就可以确定分子的电子性质、分子周围化学键的排列以及反应位点的位置。因此，SchNOrb 可以帮助研究人员设计新药。此外，分子动力学模拟分析了分子在原子水平上的行为和相互作用。在药物发现中，分子动力学模拟用于评估蛋白质–配体相互作用和结合稳定性。分子动力学模拟的一个主要问题是它可能非常困难和耗时。人工智能具有加速分子动力学模拟过程的能力。执行分子动力学模拟可计算将 15000 个小分子从水转移到环己烷的自由能，从而使用这些自由能和一些其他原子特征来训练 3D 卷积网络和空间图卷积神经网络。研究人员发现，与分子动力学模拟计算相比，经过训练的神经网络预测转移自由能的精度几乎一致。这说明机器学习技术可以即兴发挥并加快分子动力学模拟，但实现这一点需要大量的训练数据。

AlphaFold 分两步预测蛋白质的 3D 结构：首先，使用卷积神经网络将蛋白质的氨基酸序列转换为距离矩阵和扭角矩阵。其次，使用梯度优化技术将这两个矩阵转换为蛋白质的三维结构。同样，哈佛医学院也设计了一种基于深度学习的工具，该工具将蛋白质的氨基酸序列作为输入，并生成其三维结构。该模型被称为递归几何网络，使用单个神经网络来计算连接不同氨基酸的化学键的键角和旋转角，以预测给定蛋白质的三维结构。

PISTON 就是一种可以使用自然语言处理和主题建模预测药物副作用和药物适应症的工具。DisGeNET 是一个文本挖掘驱动的数据库，包含了大量关于基因疾病和变异疾病关系的信息。DisGeNET 中的数据可以分析各种生物过程，如药物不良反应、与疾病有关的分子途径、药物对靶点的作用。STRING 也是一个文本挖掘驱动的数据库，包含各种生物体的蛋白质–蛋白质相互作用的无数信息。STITCH 是另一个文本挖掘驱动的数据库，其中包含蛋白质和化学物质/小分子之间相互作用的信息。STICH 中的信息也可用于确定药物的结合强度和药物–靶标的关联性。

（2）人工智能在初级和次级药物筛选中的应用。

人工智能是一项非常成功且要求很高的技术，因为它节省了时间，而且成本效益高。通常，细胞分类、细胞分选、计算小分子的性质、在计算机程序的帮助下合成有机化合物、设计新化合物、开发分析方法和预测目标分子的 3D 结构是一些耗时且令人厌倦的任务，在人工智能的帮助下，这些任务可以被缩减，从而加快药物发现的进程。初级药物筛选包括通过人工智能技术的图像分析对细胞进行分类和分选。

许多使用不同算法的机器学习模型，可以非常准确地识别图像，但在分析大数据时却变得力不从心。

首先，为了对目标细胞进行分类，需要训练机器学习模型，使其能够识别细胞及其特征，这基本上是通过对比目标细胞的图像来完成的，从而将其与背景分离，提取具有不同纹理特征的图像，并通过主成分分析进一步降维。一项研究表明，最小二乘支持向量机的分类准确率最高，为95.34%。关于细胞分类，机器需要快速从给定样本中分离出目标细胞类型。图像激活的细胞分选是最先进的设备，可以测量细胞的光学、电学和机械性能。

二次药物筛选包括分析化合物的物理性质、生物活性和毒性。熔点和分配系数是控制化合物生物利用度的一些物理特性，也是设计新化合物的关键。在设计药物时，可以使用不同的方法进行分子表征，如分子指纹、简化分子输入线输入系统和库仑矩阵。

这些数据可用于深度神经网络，深度神经网络包括两个不同的阶段，即生成阶段和预测阶段。虽然这两个阶段都是通过监督学习单独训练的，但当它们被联合训练时，偏差可以应用于输出，并为特定属性赋值。

整个过程可用于强化学习。匹配分子对已被广泛用于构效关系研究。匹配分子对与候选药物的单一变化有关，这进一步影响了化合物的生物活性。除了匹配分子对，该法还使用了其他机器学习方法，如深度神经网络、随机森林和梯度增强机来进行修改。现已知，深度神经网络比随机森林和梯度增强机能够更好地进行预测。随着 ChEMBL、PubChem 和 ZINC 等公开数据库的增加，我们可以访问数百万种化合物，注释它们的结构、已知靶标和可购买性等信息。匹配分子对以及机器学习可以预测生物活性，如口服时间、清除率和作用机制。

（3）人工智能在药物开发过程中的应用。

药物发现和开发过程中，最艰巨和最令人沮丧的步骤是，识别存在于千万分子数量级的巨大化学空间中的合适且具有生物活性的药物分子。此外，药物的发现和开发过程被认为是一个耗费时间和成本的过程。最令人无奈的是，超过九成的药物分子通常无法通过Ⅱ期临床试验和其他监管批准。

上述药物发现和开发的局限性，可以通过实施基于人工智能的工具和技术来解决。人工智能参与药物开发过程的每个阶段，如小分子设计、药物剂量和相关疗效的鉴定、生物活性的预测、蛋白质-蛋白质相互作用、蛋白质折叠和错误折叠的鉴定、基于结构和配体的可视化筛选、构效关系建模、药物再利用、毒性和生物活性特性的预测，以及药物化合物作用模式的鉴定。

1）多肽的合成和小分子的设计。

多肽是一种 2~50 个氨基酸的生物活性小链，它们能够穿过细胞屏障并到达所需的靶位点，因此越来越多地被用于治疗目的。近年来，研究人员开发了多种基于不同方法的人工智能平台，以发现更有价值的多肽结构。

Deep-AmPEP30，一种基于深度学习的平台，可用于短抗菌肽的生物活性的预测。DeepAmPEP30 是一种卷积神经网络驱动的工具，可从 DNA 序列数据中预测短抗菌肽，以及在胃肠道中的真菌病原体光滑乳杆菌的基因组序列中鉴定新的抗菌肽。

IAMPE，是一个用于鉴定抗菌肽的网络服务器，它集成了基于抗菌肽 ^{13}C–NMR 特征和肽的物理化学特征，作为机器学习算法输入，以鉴定新的抗菌肽。

ACP-DL，是一种基于深度学习的工具，用于发现新型抗癌多肽。ACP-DL 使用长短期记忆算法，这是递归神经网络的改进版本，用于区分抗癌多肽和非抗癌多肽。

此外，分子量非常低的小分子与多肽一样，也在使用基于人工智能的工具进行设计。GENTRL 是一种基于生成张量强化学习的小分子从头设计工具，基于此工具，人们发现了一种新的 DDR1 激酶抑制剂。

2）生物活性剂的预测与药物释放监测。

确定生物活性配体是为特定靶点选择强效药物的关键步骤。现在，药物化学家正在利用人工智能来确定可用于与疾病相关的特定靶点的生物活性化合物。药物成药性的设计和监测是一个乏味而耗时的过程。伴随人工智能的发展，出现了多种在线工具来分析药物释放，并预估选定的生物活性化合物的药理作用。基于化学特征的药效团适用此种评估方法。这些模型构建了包括通过计算得到的化合物，以及已有报道的实体结构所组成的大型三维数据库。研究人员可使用可视化筛选，以研究基于配体的化学特征。

除了筛选有效的生物活性剂外，另一个关键的工作领域是成药的可能性及其释放后的相互作用。药物不良反应，是由给药引起的意外的、有害的、致命的副作用。不良反应是药物开发中的一个主要挑战，在药物开发的初期阶段识别可能的不良反应，使药物开发过程更加稳健和有效已变得至关重要。最近，研究人员在不同药物上市供公众使用之前，使用人工智能来确定与这些药物相关的可能不良反应。

SwissADME 是一个可自由访问、用户友好的图形界面，用于评估药物的兼容性及其药代动力学作用。其数学模型也已应用于药物发现，最常见的实践之一是计算所选或筛选的生物活性分子的载药能力。

3）基于结构和配体的虚拟筛选。

在药物设计和药物发现中，可视化筛选是计算机辅助药物设计的关键方法之一。可视化筛选是指识别一种与药物靶点结合的小化合物。可视化筛选是一种从化合物库中筛选出有前景的治疗化合物的有效方法。因此，它成为高通量筛选的重要工具，这带来了高成本和低准确率的问题。通常，有两种重要类型的可视化筛选，即基于结构的可视化筛选和基于配体的可视化筛选。

基于配体的可视化筛选取决于活性和非活性配体的化学结构和经验数据，该数据利用活性配体的物理化学和化学相似性来从具有高生物活性的化合物库中预测另一个活性配体。然而，基于配体的可视化筛选不依赖靶蛋白的 3D 结构，因此，在靶结构或信息缺失的情况下实施该方法，所获得的结构精度低。另外，基于结构的可视化筛选已经在通过体外或体内实验，或通过计算建模阐明蛋白质或靶标的 3D 结构信息的情况下实现。

通常，该方法用于预测活性配体或其相关靶标之间的相互作用，并预测参与药物靶标结合的氨基酸残基。与基于配体的可视化筛选相比，基于结构的可视化筛选具有较高的精度和精密度。基于结构的可视化筛选与致病蛋白数量增加及其复杂构象有关。

为了将机器学习用于可视化筛选，应该有一个由已知的活性和非活性化合物组成的过滤训练集。这些训练数据可使用监督学习技术来训练模型。然后对训练后的模型进行验证，如果它足够准确，则将该模型用于新的数据集，以筛选针对目标具有所需活性的化合物。之后，入围的化合物可以进行 ADMET 分析，然后在进入临床试验之前进行各种生物测定。因此，机器学习有能力加快可视化筛选的速度，使其更加有效，甚至可以减少可视化筛选中的误报。对接是基于结构的可视化筛选中应用的主要原则，人们已经开发了几种基于人工智能和机器学习的评分算法，如 NNScore、CScore、SVR Score 和 ID Score。

机器学习和深度学习方法，如随机森林、支持向量机、卷积神经网络和浅层神经网络，已经被构建来预测基于结构的可视化筛选中的蛋白质–配体亲和力。此外，基于人工智能的算法已被开发用于基于结构的可视化筛选中的分子动力学模拟分析。另外，基于配体的可视化筛选由几个步骤组成，每个步骤都会提出新的基于机器学习和深度学习的算法，以加快过程并提高可靠性。例如，人们已经构建了几种基于机器学习和深度学习的算法来准备有用的诱饵集，如高斯混合模型机器学习和深度学习、隔离林和人工神经网络。

目前已出现为基于结构的可视化筛选构建的机器学习模型，如 PARASHIFT、HEX、USR 和 ShaPE 算法。随着人工智能算法在医疗保健和制药行业的兴起，基于结构的可视化筛选和基于配体的可视化筛选都开发了不同的工具和模型，如 TiOpenScreen、FlexX–Scan、CompCore、PlayMolecule、METADOCK 和 AutoDock Bias 等工具。

随着化合物库的不断扩大，寻找潜在的配体，就像大海捞针。因此，基于结构的可视化筛选和基于配体的可视化筛选，最大限度地降低了鉴定针对致病靶点的潜在治疗化合物的复杂性。此外，基于结构的可视化筛选和基于配体的可视化筛选中基于人工智能的模型使其更简单，具有高精度和高精密度。

4）分子设计。

在药物研究过程中，人们经常问的一个问题是：哪些化学结构会引发所需的性质特征。从头分子设计可以将预测模型和分子相似性等优化参数与分子生成和搜索相结合，以模拟设计−制造−测试整个研发周期。然后，这些计算机设计循环提供候选解决方案的列表，这些候选解决方案确定了为对所定义的轮廓最佳的化学结构。然而，在这些候选者的合成易处理性方面仍然存在重大挑战。

最近发表的一种分子设计方法，应用进化的类似物来针对一组定义的目标优化化学结构，从而产生具有所需轮廓的结构，称为多参数优化。片段的多目标自动替换算法，通过初始化候选结构的群体来进行，对候选结构进行迭代评估、采样和评分，以针对感兴趣的结构轮廓进行优化。碎片的多目标自动替换算法使用一个由已知合成有机化学衍生的构建块数据库，称为合成断开规则，其中保留了每种结合模式和出现频率。

此外，一种称为拓扑结构快速对齐的新算法，可选择替换子结构，以同时平衡对替换的探索，最大限度地减少对候选结构中包含的信息的破坏，由于其用于生成分子构建块列表的方法，间接考虑了合成可行性。鉴于化学结构的多样性与反应规则的复杂性，这种合成可行性的衡量标准绝不适用于所有情况。

解决化合物合成自动化设计中所面临挑战的一种方法是，使用基于合成规则的模型，该模型将标准合成偶联构建块组合在一起。然而，这些方法往往限制了对相关化学空间的探索。

上面提到的计算模型，大多是在已知药物化学空间的分子结构的数据集基础上训练的，可以看作是对数据集中分子分布的学习。从这种分布来看，这些方法，允许从化学空间中采样新分子。最近，许多网络神经生成方法被提出并用于分子设计，其中递归神经网络表现最突出。然而，合成线的可行性需要在人工智能领域进一步完善。

活性分子设计领域的研究表明，没有一种方案能解决所有方向的问题，因此需要不断地了解那些与合成和药理测试进展最相关的化学结构，据此不断地探索和改善相关的化学空间，或者说是药效团。这一过程中，最大的挑战是预测的可靠性，例如生物活性。优化化合物的生物活性以及毒性，是药物发现中最耗时、最昂贵的任务，也是一个关键、不可或缺的数据，因为它是药物的一项关键属性。

5）合成路线设计。

设计新化合物的合成需要专业知识、经验和创造力。药物化学家现在可以合成他们想要的几乎所有东西，但有些化合物的复杂程度远超人们的想象。从头设计可以很容易地在数百万种化学结构中筛选到潜在的治疗药物，却只能提供制造它们的原因，而未指出如何实现它们。计算机辅助合成，可在两个方面提供帮助，包括提供替代路线或帮助优先考虑容易合成的化合物。

计算机辅助合成最近取得了突破性进展，即使用转换规则和启发式方式，从目标结构不断拆分，以寻找最优的合成路线，现在也被称为逆合成分析。机器学习甚至可以在没有特定输入的情况下，从化学反应数据中自主学习有机化学的规则。该法使用深度神经网络，首先让机器学习专注于最有前途的反分析规则，然后将其与现代蒙特卡洛树搜索算法相结合，进行反应预测。一项双盲研究发现，这种方法产生的路线与文献中的路线相同。

人工智能也被用于升级合成路线设计，该路线为确定感兴趣分子的最佳合成途径。Chematica（SYNTHIA）是一个基于决策树的程序，可为所需分子设计新的合成途径，其包含上百万种已知分子和化学反应。通过利用由 100000 多个手动编码的反应规则驱动的先进算法，该工具可细化筛选逆向合成可能性，同时检查已完成的工作、可以完成的工作以及可用的起始材料。化学家只须把目标分子输入 Chematica 就能得到基于成本、底物易得性、步骤数筛选出的反应路线，这一切仅仅需要数秒。每一步反应及产物都会基于两个方程进行评分：反应评分函数和化合物评分函数。

AiZynthFinder 是基于人工神经网络的一种开源工具，利用蒙特卡洛树搜索进行逆向合成规划，进行基于 Jupyter notebook 的逆合成分析，简洁快速。ICSYNTH 是另一种可以通过使用机器学习模型生成的化学规则集合来产生新的化学合成途径的工具。

此外，还出现了各种基于文本挖掘的工具，这些工具可以帮助传统的药物发现过程。文本挖掘使用自然语言处理等方法将各种文献和数据库中的非结构化文本转换为结构化数据，对这些数据可以进行适当的分析以获得新的见解。自然语言处理是人工智能的一个分支，它允许计算机，通过基于人工智能的算法，处理和分析语音和文本等人类语言。利用这种人工智能驱动的技术，人们开发了各种基于文本挖掘的工具。

药物化学的研究工作和药物发现的结果形成一个闭环，相互支持，形成"设计—制造—测试—设计"的循环，其中设计的化合物必须经过合成和实验测试，为进一步的决策提供反馈。显然，这一过程相对缓慢和昂贵。生成实验数据可能需要数周时间才能做出新的设计决策。使用"分子设计"部分中描述的方法生成具有适当轮廓的候选药物，甚至指导如何制备新结构，无疑将简化这一过程。

因此，应用主动学习，可以有效地决定下一个要标记的数据点，或要合成和测试的新结构。模型主动学习是机器学习的一个领域，这种方法的预期优势之一是能够同时预测将推进项目的化合物，但也能更快地确定应该合成的化合物以改进模型。模型中的这种改进可以间接地促进和简化药物发现过程，因为主动学习模型将更快地改进质量预测。

鉴于此，在药物发现的主动学习方面，已有了一些科学努力和探索，但这仍然是一个有待大量投资的领域，以证明其对于制造和测试已鉴定化合物的价值。要想从药物化学家那里获得信心，挖掘出具有潜在成药性，并最终筛选出治疗药物，这是一项艰巨的工作。因此，人工智能和机器学习不仅直接关联到药物发现，还与依靠此系统合成和测试化合物的科学家的支持有关。

尽管许多人工智能与机器学习方法在药物推向市场方面尚未取得成果，但可以预见，它们将会在药物发现过程中变得更加不可或缺。通过应用新的和有前景的技术，其可以有效地设计新的化学结构，预测所需的分子性质，甚至设计合成这些化合物的路线。它正在成为一场完美的科技风暴，将不同药物研究领域推向它们的顶峰。

6）药物剂量和给药效果。

给患者服用任何剂量的药物，都可能导致不良和致命的副作用，因此确定用于治疗目的的安全药物剂量是至关重要的。多年来，确定一种药物的最佳剂量是一项艰巨的挑战，以期药物可以在最小毒副作用的情况下达到预期效果。

随着人工智能的出现，许多研究人员正在借助机器学习和深度学习算法来确定合适的药物剂量。AI-PRS 是一个基于人工智能的平台，借助神经网络驱动的方法，通过抛物线反应曲线将药物组合和剂量与疗效联系起来，以确定通过抗逆转录病毒疗法治疗艾滋病毒的最佳剂量和药物组合。此项研究发现，对 10 名 HIV 患者联合使用替诺福韦、依非韦伦和拉米夫定，在适当的时候，替诺福维尔的剂量可以减少起始剂量的 33%，而不会导致病毒复发。使用 AI-PRS 也可以找到治疗其他疾病的最佳药物剂量。

4.5 计算建模应用

（1）模型构建（图 4-2）。

在药物发现过程中，应用某个特定的人工智能算法，是一个连续的过程，需要正确地定义要解决问题的领域。这个过程通常包括问题定义、数据准备、人工智能架构的设计、模型培训和评估，以及理解和解释结果。

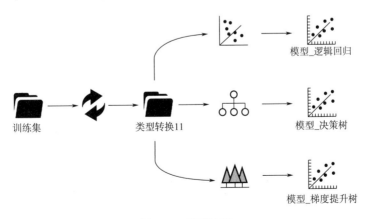

图 4-2 模型构建

更具体地说，在做出任何特定的体系结构决策之前，我们应该清楚手头的问题，因为机器学习方法的选择应该适用于正在研究的问题。首先，我们需要知道这个特定的问题是属于鉴别任务还是生成任务的领域。考虑到人工智能建模的任务，下一步是设计一个合适的模型体系结构。

这一步包括选择一个合适的算法，并为超参数设置合理的初始值。对于鉴别性任务，随机向量机、随机森林和人工神经网络是迄今为止最常用的算法。各种模型可用于生成任务，如深层信念网络、生成性对抗网络、变分自动编码器和自动编码器等。一般来说，神经网络是这些任务的首选算法，因为它们具有泛化和假设的近似任何输入输出关系函数的能力。超参数因不同的人工智能算法而异。神经网络的结构参数，包括但不限于神经元和层数的选择、学习率和衰减、正则化参数以及神经元，或相邻层之间的连接。

确定临时架构之后，接下来准备数据集。初始数据的代表性、质量和数量对人工智能模型的质量有至关重要的影响。一旦建立了初始架构和数据集，就可以继续进行模型训练和评估。

训练步骤旨在搜索一组参数，目的是最小化预测误差。最终的人工智能模型应该有能力表达分子表征，发现特定目的之间的潜在关系。如果做不到，那么检查特定的例子可以帮助开发者开发新模型"生态系统"来实现目标。

（2）输入数据准备。

人工智能方法，在药物发现项目中的应用，倾向于通过重点部署最新的人工智能方法来改进模型的整体性能。首先，集中训练数据往往更有帮助，因为它是支撑所有进一步进展的基础。无论选择什么模型，高质量的数据通常会有更好的泛化性能。然而，数据准备是一项任务量大并相当艰苦的任务。

开发者需要了解训练数据的起源和意义，例如，所表示的实体的类型和复杂性、数据的数量，以及更具体地说，它们在化学空间中的分布。总的来说，问题是要如何更好地填充可能的输入空间。如果对更多数据需求明显，就必须决定预处理策略、未标记数据是否足够，哪样的表示对编码所代表的实体最有用等。需要注意的是，没有一条规则是普遍适用的。

在药物发现过程中，药物化学领域要构建人工智能模型的输入（x）或输出（y）的数据类型。药物设计中最常用的输入数据类型是固定长度的输入向量。然而，这种类型的表示存在两个主要局限性。这样的向量往往相当大，可以编码所有可能的子结构而没有碰撞，这导致模型具有过多可学习的参数，试图从相对稀疏的输入中学习。在这样一个高维化学空间中的相似性评估，容易出错。为了缓解这一问题，人们利用可微神经网络计算输入的分子结构图，提出了各种类型的指纹图谱。

另一个限制是，由于难以在输入向量和分子结构之间建立一对一的对应关系，输入向量可以很容易地从分子结构生成，但从向量反向推导结构是一项极其困难的任务，特别是当单一指纹表示可能对应于多种可能的化学结构时。

避免这种限制的一种方法是，使用人工智能深度生成模型作为分子表示。近年来，这种组合已经有了广泛的研究，以产生具有预期特性的新化合物。在这种情况下，输出数据要么是字符串，要么是指纹向量。大多数其他人工智能辅助药物发现项目的输出数据为数值，二元值对应于二元分类、多类分类的整数值，以及回归任务中涉及的实值数字，通常是实验生化数据。

应特别注意初始数据的代表性和基数。如果数据集的大小不能代表底层的延迟任务，那么训练过程往往会产生过拟合，并出现条件较差的平均误差，这两者都增加了给定模型无法真正泛化到新数据的可能性。

首先应确定训练集性能是否有效，如果训练集的性能不可接受，那么所选择的体系结构很可能无法工作。如果在调整或尝试其他架构后，仍然没有看到改进，那么可能是时候考虑训练数据的质量，并检查训练分布是否平衡，输入输出对应是否符合逻辑。

如果训练集的性能可以接受，则应检查测试集的性能。如果训练集和测试集性能之间的差距令人难以接受，那么收集更多的数据将是最有效的解决方案之一。此时关键的考虑因素，包括收集更多数据与以其他方式提高测试集性能相比的相对成本，以及预期显著提高测试集性能所需的数据量。

对输入数据进行特征分层，重新训练模型的不同比例的模型均匀，以获得模型的通用性和稳定性，这是一个有用的训练，最好以相对实惠的成本，收集更多高质量的原始数据。收集高质量数据集往往成本昂贵，实现起来难度很大，这通常是生物数据的药物发现的情况。

训练集可以通过生成人工数据点，或通过使用多任务或迁移学习程序，来丰富模型对相关数据的见解。该模型可以通过超参数优化、合并正则化，或通过采用更专门的神经网络架构来改进，这取决于针对任务的目的。

如果测试集上的性能仍然比训练集上差得多，即使调整了正则化超参数，也无法收集更多的训练数据，那么减少泛化误差最简单的方法，可能是改进学习算法本身。再次强调，初始的训练数据不仅数量足够，而且质量也应该足够高。然而，目前药物发现领域的情况是，数据质量并不好，数量也不是那么大。

假设有 10000 个值可用，与用于构建视觉模型的大量信息相比，这一数据量也是无穷小的，这些模型将你所收集的东西与你可能想收集的其他东西联系起来。此外，通过高通量筛选，生成的数据库通常与活性和非活性化合物不平衡，这时特定的数据采样技术可以用于平衡建模中的活性分布。

实际上数据集是不完整的，它们会包含错误。此外，众所周知，大多数药物具有多个生物靶点和活性，患者的个体基因谱也有相对差异。这意味着，在药物设计领域，由于未知的贡献因素和多对多的非线性关系，我们面临着大量的难题。

该模型有时会将化合物规入无活性集，在没有实验验证的情况下，给化合物一个"非活性"标签。这个问题可以通过使用半监督方法解决，在训练期间使用包含活性和未标记化合物的信息，通过引导或使用噪声适应神经网络，来估计现有标签不正确的可能性，并使用它来相应地加权数据（图4-3）。

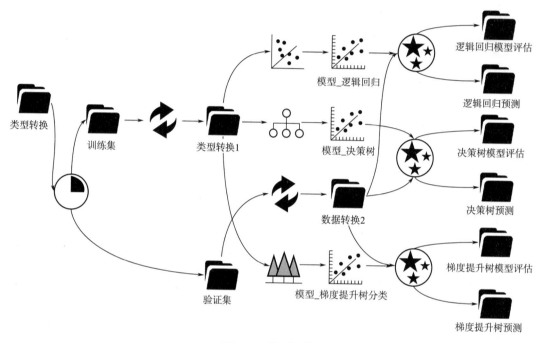

图4-3 模型评估

（3）应用实践。

Michael Menden 等人通过整合 77 个基因的突变谱和 608 种细胞系的 QSAR 描述符，开发了一个预测半数抑制浓度的模型。QSAR 描述符表示小分子的各种物理化学性质。训练数据集包含 38930 对已知半数抑制浓度值的药物和细胞系，测试集包含 13565 对已知半数抑制浓度值的药物和细胞系。

他们在单独的模型中使用神经网络和随机森林架构，训练集的实际半数抑制浓度值和预测半数抑制浓度值之间达到 0.72，测试集的 r^2 值为 0.64。r^2 是一个在 0~1 的标量度量，表示一系列预测值与期望值的匹配程度，值为 1 表示完美的预测，0 表示计算输出和真实输出之间没有相关性。r^2 值≥0.7 被认为是训练集上可接受的验证，而测试集上的 r^2 值≥0.6 可以验证模型为预测。

模型通过 8 倍交叉验证和独立盲检，预测半数抑制浓度值，确定系数 r^2 分别为 0.72

和 0.64。此种计算模型可用于优化药物细胞筛选的实验设计，估算大部分未知的半数抑制深度，而不必通过实验测量。这种结果的应用效果不亚于虚拟药物设计，成千上万的药物可以通过计算，系统地测试它们的潜在药理活性，并最终通过将患者的基因组特征与药物敏感性联系，指导患者个性化用药。

模型通过建立机器学习模型，使用细胞系筛选实验数据预测药物敏感性，其中细胞系经不同浓度的给定药物处理，用半数抑制浓度总结剂量反应关系。癌细胞对药物分子的敏感性是由细胞和药物的特征决定的。细胞特征最终与细胞的内部工作有关，药物特征包括分子穿过细胞膜的能力、与靶蛋白结合的能力等相关的物理化学性质。训练神经网络模型根据不同细胞的基因组背景，预测不同药物的半数抑制浓度。

事实上，根据分子的化学性质预测全细胞活性方面已有广泛的定量构效关系。然而，这种仅基于化学特征的定量构效关系方法，并不能区分耐药细胞系和敏感细胞系。

此机器学习模型，除了细胞系的分子特征外，还包括了来自药物的输入化学特征。这种集成方法不仅集成了两个互补的信息流，还允许使用更多的数据进行训练，这是提高预测性能的关键因素。因此，该模型包括 689 个药物的化学描述符和 138 个用于区分细胞系的基因组特征，从而得到 827 个特征的输入空间。

该模型通过利用来自细胞系的基因组特征和来自药物的化学信息，构建计算模型，用非参数机器学习算法来推断缺失的半数抑制浓度值。由于一些药物在不同的浓度范围内具有活性，该模型能够以相似的精度覆盖更大的动态范围。由于使用了化学描述符，多药物模型的训练使用了比数据大两个数量级的数据量来训练每个单一药物模型。

尽管上面提到的模型没有捕捉到所有已知的与药物关联的基因，但随着未来几年更大的药物敏感性和基因组数据集的应用，这些模型的预测能力将会增加。另一个有价值的扩展是包含药物治疗后的基因表达数据，这是预测治疗结果和阐明化合物作用模式的强大电子资源，也是识别新的药物重新定位机会的一个很有前途的方向。此外，表观遗传学数据可以提高未来方法的预测能力。

当与已知的先验基因和蛋白网络配对时，转录谱对药物反应和作用模式的预测显著增强，并根据计算预测的撞击通路推断出药物相似性。已知的基因和转录数据之间的调控关系，可以用于识别调控的通路，并进一步与驱动它们的基因组相联系，这突出了子网络对药物反应的重要性。

模型根据输入特征对最终训练模型的影响，对输入特征进行优先排序，通过模型中集成特征选择标准和降维技术可以明确地揭示特征和结果之间的关联。在预测模型方面，标准的机器学习方法包括神经网络和随机森林，考虑到它们的灵活性，此建模技术将有广泛的应用范围。

根据不同程度的数据稀疏度的预测精度，在设计覆盖率必须与精度平衡的实验时具有实用性。此外，由于模型能够预测尚未筛选的细胞系上的半数抑制浓度，这些模型的预测可以用来决定其是否值得扩大细胞系的范围，或者更确切地说，专注于一些选定的细胞系。这已经超出了它们在优化药物筛选的实验设计方面的效用。一旦建立了一个模型，人们就可以根据其化学特征和相似性，系统地测试新药物的潜在作用。这些预测可以帮助评估新药的潜在活性，此外，对临床批准的药物的预测有望揭示药物重新利用的候选药物，并有可能识别出对反应最敏感的的特定疾病亚型。虽然细胞系并不是真实肿瘤的确切复制品，但此预测模型以及扩展的基因组和表观基因组数据集，有助于开发针对个体患者量身定制的新治疗策略。

4.6 应用实践

临床前的候选药物需要具备良好的活性、选择性以及合适的物理化学性质，以期该药物在后期临床中可以展现出合适的 ADMET 特性。药物在发现和开发的过程之中，需要经过多个阶段的研究和优化，才能使最终上市的药物符合要求。人工智能在药物发现和优化阶段发挥着重要的作用，比如利用人工智能辅助药物分子设计和虚拟筛选实现先导化合物的发现，利用构效关系、分子对接等方法实现先导化合物的优化，以及药物性质预测、协助结构优化和临床前研究，这些具体的方法在前面的章节已经详细介绍，这里不在赘述。这里主要列举几个人工智能助力药物研发的典型案例。

（1）筛选 Abl 抑制剂。

Abl 激酶通过调节形态发生和运动性，并通过 Bcr-Abl 介导的 Src 家族激酶和 PI3K、Ras、Myc、c-jun 和 STAT 通路的激活促进细胞生长和存活，在癌症中发挥关键作用。Abl 抑制剂在治疗白血病和其他癌症的临床试验中有效。Abl 通过调节细胞形态发生、运动性、生长和存活来促进癌细胞生长。几种针对白血病和其他癌症的 Abl 抑制剂已上市，但耐药性的出现，迫使人们要开发新的 Abl 抑制剂。

一般情况下，这些抑制剂对常见突变的活性可以忽略不计，在癌症晚期表现出一定的影响。一些患者产生与 Abl 激酶结构域突变相关的耐药性。现在，已出现多种计算方法被用于 Abl 抑制剂的搜索和设计，包括药效团、QSAR、支架组装、分子对接等。

这些计算方法在识别潜在 Abl 抑制剂方面，表现出令人印象深刻的能力，但其应用可能会受到需要搜索的化学空间的广度和稀疏性、目标结构的复杂性和灵活性、准确估计结合亲和力和溶剂化效应的困难，以及训练活性化合物的有限多样性等问题的影响。因此，有必要探索其他计算方法，以扩大化学空间的覆盖范围、提高筛选速度和降低误命中率来补充这些方法，而不必依赖于目标结构灵活性、结合亲和力和拯救效应的建模。

基于配体的虚拟筛选方法——支持向量机，用于从大型化合物库中搜索单一和多个的活性物质，并表现出高命中率和低的误判率，可以用于识别不同结构的活性基团。

由稀疏分布的活性化合物训练得到的支持向量机，也可以获得良好的可视筛选性能。支持向量机根据区分活性和非活性化合物与活性化合物本身的结构相似性，对活性化合物进行分类，它的优点是不依赖于结构灵活性、活性相关特征、结合亲和力和溶剂化效应的准确计算。此外，支持向量机的快速和扩展的适用性，使其能够有效地搜索一个巨大的化学空间。

新加坡国立大学生物信息学和药物设计实验室，应用支持向量机作为从大型化合物库中搜索 Abl 抑制剂的虚拟筛选工具。在 5 倍交叉验证研究中，支持向量机通过 708 种抑制剂和 65494 种假定的非抑制剂进行训练和测试，正确识别出 84.4% ~ 92.3% 的抑制剂和 99.96% ~ 99.99% 的非抑制剂。和另一种基于相同训练、测试数据集和分子描述符的机器学习方法相比，支持向量机显示高准确率和非常低的假阳性率。这说明支持向量机能够从大型化合物库中搜索 Abl 抑制剂。

他们开发了一个用于识别 Abl 抑制剂的支持向量机模型，并通过 5 倍交叉验证试验和大型化合物数据库筛选试验来评估其性能。在 5 倍交叉验证测试中，一组 Abl 抑制剂和非抑制剂的数据被随机分成五组大致相同大小的数据组，四组用于训练支持向量机可视化工具，一组用于测试，并对所有五种可能的成分重复测试，以获得平均的可视化筛选性能。

在大型数据库筛选测试中，支持向量机可视化筛选工具通过使用之前发表的 Abl 抑制剂，它的准确性是通过以往报告的 Abl 抑制剂来评估的，而不包括在训练数据集中。它比对 PubChem 和 MDDR 化合物库中结构和物理化学性质与已知 Abl 抑制剂的相似性，评估搜索大型文库的虚拟命中和假命中率。

PubChem 和 MDDR 含有高比例的与 Abl 抑制剂显著不同的非活性化合物，其易于区分的特征可通过可视化筛选得到良好呈现。尽管如此，一些 PubChem 和 MDDR 化合物，具有激酶抑制活性或与已知的 Abl 抑制剂相似。通过使用这些和其他类似于已知 Abl 抑制剂的物理化性质的化合物，可以更严格地测试可视化筛选的性能，因此富集不仅仅是一种简单的物理化学特征的分离。为了进一步评估支持向量机可视化筛选工具是否预测了 Abl 抑制剂和非抑制剂，而不是某些化合物家族的成员身份，他们又分析了预测的活性和非活性化合物在化合物家族中的分布。

1）数据集的收集和构建。

从 Pubmed 和 BindingDB 数据库中共收集 708 种 Abl 抑制剂，半抑制浓度 <50μmol/L。选择半抑制浓度 <50μmol/L 的抑制剂为标准，因为它覆盖了大部分报道的先导化合物。由

于很少有非抑制剂的报道，假定的非抑制剂是通过上面的方法生成的假定的非活性化合物。

收集到的 Abl 抑制剂分布在 221 个家族中。由于在已知的化合物库中寻找激酶抑制剂的广泛努力，在 PubChem 和 MDDR 数据库中未发现的 Abl 抑制剂家族的数量预计相对较小，很可能不超过几百个家族。

一个假定的非抑制剂训练数据集，可以通过从每个家族中提取一些不包含已知抑制剂的代表性化合物来生成，最大可能的"误判"分类率为<15%，即使所有未发现的抑制剂都不属于非抑制剂类。由高达 15%的错误阴性家族所产生的噪声水平，预计将远远小于支持向量机所容忍的最大 50%的假阴性噪声水平。在假定的非抑制剂家族中，未被发现的抑制剂可以被归类为抑制剂，即使它们的家族代表被归入非抑制剂训练集。

在数据库筛选测试中，50%的结构家族包含已报道的 Abl 抑制剂，这些结构家庭的代表性化合物被故意放在非活性训练集，假设在此研究中，对这些结构的生物活性是未知的。这些错位的、含有抑制剂的非抑制剂家族中，大量抑制剂被支持向量机可视化筛选工具预测为抑制剂。此外，在这些假定的非抑制剂数据集中，有一小部分化合物预计是未被报道的或未被发现的抑制剂，而且它们在这些数据集中的存在，预计不会对支持向量机的估计假命中率产生显著影响。

2）分子描述符。

分子描述符是分子结构和物理化学特征的定量表示，已广泛用于推导定量结构活性关系和可视化筛选工具。所有的描述符，以最佳形式覆盖化合物的化学空间。这些描述符包括简单分子性质中的 18 个描述符、化学性质类中的 3 个描述符、电拓扑状态类中的 42 个描述符，以及分子连通性和形状类中的 35 个描述符。

前三类的描述符是非冗余的。第四类中的一些描述符，尽管它们的数学表达式不同，但在描述拓扑特征上有一定程度的重叠。这些描述符包括舒尔茨分子拓扑指数、古特曼分子拓扑指数、维纳指数、哈拉里指数和引力拓扑指数。拓扑描述符的部分重叠，并不是支持向量机分类的一个严重问题，因为支持向量机对描述符冗余的惩罚较小。

3）支持向量机方法。

下面介绍训练和使用支持向量机筛选模型筛选化合物的筛选过程。支持向量机基于统计学习理论的结构风险最小化原则，始终表现出突出的分类性能，受样本冗余的惩罚较小，过拟合的风险较低。

在线性可分离的情况下，支持向量机构建了一个超平面，来分离具有最大边缘的活性和非活性化合物类。化合物由其分子描述符组成的向量 x_i 表示。模型通过找到另一个向量 w 和一个最小化 $|w|$，以及满足条件的参数 b 来构造超平面。

　　在开发此支持向量机可视化筛选工具时，使用了硬边距，发现 σ 值为 0.06。其性能指标可以从真阳性、真阴性、假阳性和假阴性的数量中得出。

　　概率神经网络的网络架构，由训练集中化合物和描述符的数量决定。在一个概率神经网络中有四个层。输入层为模式层中的所有神经元提供输入值，其神经元与训练集中描述符的数量相同。模式神经元的数量是由训练集中化合物的总数决定的。每个模式神经元计算输入和由该神经元表示的训练情况之间的距离测量，然后将距离测量交给非参数估计器。总和层每个类都有一个神经元，神经元将所有模式神经元的输出进行总和，对应于该总和神经元类的成员，得到该类的估计概率密度函数。然后，输出层中的单个神经元通过比较求和神经元的所有概率密度函数和选择概率密度函数最高的类来估计未知化合物 x 的类别。

　　从 MDDR 数据库的 659 个支持向量机虚拟命中，有 20% 是通过分子对接选择的，其中包括 128 个属于酪氨酸特异性蛋白激酶抑制剂类的化合物。这表明，达成一致的方法可能有助于丰富真正的命中选择率。

　　同时，许多支持向量机虚拟命中都是抗肿瘤化合物，它们可以抑制酪氨酸激酶和可能参与信号转导、血管生成和其他癌症相关途径的其他激酶。虽然这些激酶抑制剂可能是真正的 Abl 抑制剂，但它们中的大多数，预计是来自其他激酶抑制剂的错误选择。

　　共有 98 个支持向量机虚拟命中序列属于抗关节炎类。Abl 抑制剂格列卫，对治疗关节炎有效，这可能是由于它抑制了其他相关激酶，如 c-kit 和 PDGFR。此外，其他一些激酶也与关节炎有关。EGFR 样受体刺激滑膜细胞，其活性升高可能参与了类风湿性关节炎的发病机制。

　　VEGF 与系统性红斑狼疮、类风湿性关节炎和多发性硬化症等自身免疫性疾病有关。FGFR 可能部分介导骨关节炎。PDGF 样因子刺激类风湿性关节炎滑膜结缔组织细胞的增殖和侵袭性表型。因此，抗关节炎类中的一些支持向量机虚拟命中可能是这些激酶或其能够产生抗关节炎活性的激酶样物的抑制剂。

　　此模型分析了已识别的 Abl 抑制剂和非抑制剂的化合物家族分布，共有 19.6% 的已鉴定的抑制剂，属于不含已知的 Abl 抑制剂的家族。对于那些含有至少一种已知的 Abl 抑制剂的家族，每个家族中 >70% 的化合物被 SVM 预测为非抑制剂。这些结果表明，基于支持向量机可视化筛选可识别 Abl 抑制剂，而不局限于某些化合物家族。一些已确定的抑制剂不属于已知抑制剂家族，可能作为潜在的"新型" Abl 抑制剂。因此，正如早期研究所示的情况一样，支持向量机具有从稀疏的活性数据集中识别新的活性化合物的能力。

　　（2）5-HT1A 激动剂。

　　据报道，DSP-1181 是第一个完全由人工智能设计开发并成功进入临床试验的人工智能候选药物，该药物由 Exscientia 公司联合住友制药合作开发。DSP-1181 是一个长效的 5-HT1A 激动剂，主要用于治疗强迫症，该药物从最初筛选到完成临床前试验仅花费一年不到的时间，可见人工智能助力的研发效率远高于传统药物开发模式。本项目的成功得益于 Exscientia 公司的人工智能药物研发技术以及住友制药在 G-蛋白偶联受体药物研发中的优势，目前两家公司仍在积极推动该项目。

（3）英矽智能（Insilico Medicine）实现多个人工智能药物研发。

英矽智能是一家由端到端人工智能驱动的临床阶段生物医药公司，目前该公司已构建三款人工智能药物研发平台，贯穿新药研发的三个阶段，包括靶点发现平台 PandaOmics、化合物设计和生成平台 Chemistry42，以及临床试验预测平台 InClinico。在成立的短短几年时间中，英矽智能利用人工智能赋能助力多个创新药物的研发。2019 年，该公司团队报道利用其开发的深度学习模型——生成式张量强化学习（GENTRL）在短短的 21 天内，就完成了 3 万个化合物的筛选，并发现了 6 个 DDR1 激酶抑制剂，其中一个化合物在小鼠体内表现出良好的药代动力学性质。抗特发性肺纤维化项目 INS018055 是该公司利用人工智能助力药物研发中更为成功的案例，该项目从靶点的发现到候选药物的筛选都是利用人工智能完成，目前该药物已经处于临床 II 期试验阶段，是人工智能助力具有全新作用机制的抗特发性肺纤维化药物研发的典型案例。值得关注的是，该药物的整个研发过程仅耗时 18 个月，花费大约为 200 万美元，这是人工智能加速药物研发的强有力证明。近期，英矽智能再次报道了利用 AlphaFold 实现 CDK20 激酶抑制剂的快速研发，利用 AlphaFold2 与其开发的药物研发平台 PandaOmics 和 Chemistry42，在 30 天的时间内实现了靶点筛选、化合物设计、化合物合成以及生物活性测试的工作，在合成的 7 个化合物中，ISM042-2-001 表现出良好的 CDK20 抑制活性。他们以此为基础利用 30 天的时间完成了第二轮的人工智能助力药物优化，最终得到候选化合物 ISM042-2-048。

第 5 章

人工智能辅助药物治疗

人工智能在药物治疗中最常见的应用是寻找匹配患者的最佳药物或药物组合，预测药物–靶点或药物–药物相互作用，并优化治疗方案。为患者选择最佳的药物，通常需要整合患者数据，如遗传学或蛋白质组学，以及相关的药物数据，用以评价药物的治疗疗效。药物相互作用的预测通常依赖于相似度指标，假设具有相似结构或靶点的药物具有相近的效果，可能会相互干扰。

个性化医疗时代已经开启。基因组学研究的飞速发展，为个性化诊疗提供了大量与疾病、组织、动物和细胞系相关的基因组和转录组数据。同时，数以千计的定量构活性关系描述符和分子指纹已经被开发出来，用于药物分子的定量和分类表征。研究人员利用这些新获得的计算方法和数据开发引擎，以帮助预测患者特定的药物治疗，优化剂量和药物计划，确保患者康复的最高可能性和生活质量。

人工智能在药物治疗中的目的是将数据减少到医生可以解释的规模，让临床医生获得他们以前无法考虑的信息。且人工智能辅助的医疗行为要足够透明，并简单易懂，以便应用人员能理解它们。不幸的是，这种简化通常是以降低预测能力为代价的。基于人工智能的决策支持解决方案具有更高的准确性，但透明度较低。人们对使用所谓的黑箱模型感到非常焦虑，因为它们的决策过程很难被患者理解，如果它们被证明是成功的，并且患者存活率增加，那么这种压力可能得到缓解。所以必须进行广泛的试验来证明任何医学黑箱模型的预测能力，因为这类软件通常缺乏可解释性。

在临床应用之前，必须证明这些模型能够无可辩驳地改善患者的预后。深度学习的选择和优化药物治疗的引入和更广泛的使用，将使模型更难以实现透明度。我们必须学会信任我们的机器提供的决定和建议，就像孩子们必须学会信任他们父母的决定一样。

深度学习已经彻底改变了计算机视觉、机器人技术、游戏和自然语言处理等领域。它正在基因组学、医学诊断和计算化学方面迅速取得进展。深度学习的核心是一套可推广的技术，它们在推断复杂关系时利用大规模数据蓬勃发展。虽然新兴的神经网络在预测广泛的分子特性方面表现优于最先进的模型，但迄今为止，由于缺乏训练数据，它们的使用仅限于单个分子。

早期机器学习在癌症和药物发现中的应用只关注一种类型的基因组谱。2012 年，梦想联盟发起了一项药物敏感性挑战，集成了多种组学测量。在 44 种基于人工智能的方法中，表现最好的模型包括贝叶斯多任务多核学习和基于集成的方法。在另一个公开的挑战中，

31 种建模方法在预测药物对活性方面进行了竞争。虽然这些方法的表现明显优于偶然性，但没有一种是接近最优的方案。由于这两个挑战都集中以排序作为评价指标，它们的结果不能直接与实验室研究相比较。此外，它们的样本量小，分别为 29 对和 91 对药物单一药物，可能具有实际意义。

对患者疾病的理想治疗药物，要考虑到来自患者的所有相关医疗信息，包括基因组学或蛋白质组学数据，与描述药物特性的特征相结合，通常有必要预测药物与生物分子的相互作用，如蛋白质、DNA、RNA、MicroRNA 等生物分子的相互作用。这种系统的临床应用将需要这些方法的结合，特别是对于常见的复杂性疾病。

对药物-靶点相互作用的预测，是单药治疗优化问题的一小部分，但它也同样重要。预测药物-靶点的相互作用对于现有药物的重新利用和寻找新药物，以及理解相关的信号传导和代谢通路至关重要。预测现有药物的新用途的尝试，往往依赖于通过人工智能引擎解释的基因、转录组学和副作用数据的使用。

药物-靶点相互作用的预测主要依赖于人工智能技术的两个分支：一个是网络理论方法，输入表征与药物相互作用的蛋白质网络；另一个是机器学习，利用像支持向量机这样的体系，构建一个依赖于药物化学结构和治疗相似性指数的模型，使用支持向量机体系结构来预测新的和意想不到的药物-靶点相互作用。支持向量机是一种机器学习方法，旨在通过在分类变量之间绘制多维曲面来分析它们间的直接关系。

基于药物的相似性推理，或基于目标的相似性推理，以及基于二部图网络的方法，称为基于网络的推理，可用来预测新的药物-靶点相互作用。基于网络的推理被证明是最强大的方法，可用于测试进一步的数据。它首先对它们的输入、药物结构相似性、蛋白质靶点序列相似性及其输出和药物-靶点相互作用网络拓扑进行相关性分析。这些数据可以用于评估预测。然后，它使用药物结构相似性和蛋白质靶标序列相似性特征，预测未知的药物靶标相互作用网络，其使用的独立的统计方法包括轮廓方法、加权轮廓方法和二部图学习方法等。

利用与疾病的遗传学或蛋白质组学相关的生物数据，结合化学信息，如 QSAR 描述符，可使用机器方法开发用于肿瘤决策支持的联合治疗预测引擎，以预测药物组合是否具有协同作用。从整合数据开发的模型应用到独立的药物组合数据集，差异表达基因的预测贡献表明，药代动力学特性与预测协同作用优于物理化学或目标网络属性，但表现最好的模型，得益于有可用的全球系统生物学方法的数据支持，使之有一个更完整的画面。

5.1　临床研究

临床试验是新药研发中至关重要的一个环节，虽然一个药物在取得临床实验批件之前，其有效性和安全性已经在实验室和动物实验中经过了系统的研究和论证，但是该药物在人体内是否可以发挥预期的活性以及符合安全性的要求仍然充满了未知数。据估计，在Ⅰ、Ⅱ、Ⅲ期药物开发临床试验中，有 33.6% ~ 52.4% 的试验无法顺利进入下一阶段。

患者招募是开展新药临床试验的前提和保证，近年来国内的新药临床试验数量大幅增加，加上临床试验的入组标准不断细化，在严格的招募时间下，是否能按计划招募到符合要求的受试者会很大程度影响临床试验的进度和结果，患者招募也成为临床试验推迟的首要原因。临床试验对于招募患者的资格、适宜性、参与动机和授权方面都有相应的要求，利用人工智能可以对患者的资料进行识别，并与临床试验的要求进行筛选和匹配，可以在很大程度提高患者招募的效率。2020 年报道的一项关于人工智能和传统方法在患者招募方面的对比研究，利用人工智能技术 Mendel. AI 重新模拟了 3 项已完成的肿瘤相关临床研究患者预筛选工作，结果发现 Mendel. AI 在保证筛选结果准确度的情况下，相比于标准操作可以筛选到更多潜在的合格受试者，并且可以大大缩短筛选时间，在数小时内即可完成受试者的预筛选，而标准方法则需要花费数十天甚至更长的时间。人工智能在患者招募上的优势已经得到了关注，心力衰竭治疗设备开发商 Ancora Heart 宣布与数字健康公司 Egnite 建立战略伙伴关系，很大的原因在于 Egnite 公司开发的人工智能试验加速器可以帮助其识别符合条件的患者以推动其关键性临床试验的开展，这也进一步说明了人工智能在患者招募方面的可靠性。当然人工智能也可用于主动挖掘公开的网络内容，包括数字试验数据库、试验公告和社交媒体，以自动识别特定患者和相关试验之间的潜在匹配关系，可以让更多的患者有可能接触到感兴趣的临床试验项目，为患者招募提供更多的可能性。

临床试验通常不是为了在普通人群的随机样本中证明药物有效性而设计的，而是为了前瞻性地选择人群中的一个子集，可以更容易地证明受试药物的效果，这一策略被称为临床试验富集。人工智能模型和方法通过 FDA 确定的下列方法来增强患者队列选择：通过减少人群异质性；通过选择更有可能具有可测量临床终点的患者（预后富集）；通过识别对治疗更有反应的人群（预测富集）。除了用于富集策略，人工智能也被用于参与者分层，例如，如果 AI/ML 模型可以在给予研究治疗之前预测严重不良事件的概率。根据这些严重不良事件的预测风险，可以将参与者分层到不同的组，然后进行相应的监测，或根据预测的不良事件严重程度将参与者排除在外。

对于一项临床试验来说，患者招募、选择和分组只是一个开端，只有这些受试患者在整个实验过程中遵守试验程序和规则，并有效可靠地收集监测受试药物的相关数据，临床试验才有可能实现投资回报。据统计，只有 15% 的临床试验没有出现患者脱落的情况，患者脱落势必带来额外的招募工作，也进一步增加了临床试验的成本。当然患者脱落的原因有很多，包括受试者个体因素、环境因素、试验用药因素、研究者因素和项目流程因素等，而人工智能对于解决患者脱落问题也有相应的应用。例如，在临床试验中患者需要配合记录药物摄入量、身体功能、药物反应等各种数据，对于大部分患者来说这是一项较为烦琐的任务，因此患者的依从性较差。人工智能技术可以与可穿戴技术相结合，为开发节能、移动、实时和个性化的患者监测系统提供了新的策略。可穿戴传感器与视频监控可用于自动连续收集患者数据，从而减轻患者的负担。人工智能还可以用于动态预测特定患者脱落的风险，通过发现不依从性的早期预警信号，项目组可以积极与特定患者进行沟通和干预，在患者脱落前将问题解决。

人工智能对于临床试验具体方案的改进也有很大的作用，人工智能可用来描述和预测药物给药后的药代动力学性质，因此可以用于剂量和给药方案的优化，对于罕见病、儿童和孕妇用药这些缺少现有数据的特殊群体的用药方案，人工智能可以发挥更大的优势。2023 年 5 月 10 日，美国食品药品监督管理局 FDA 发布的一份讨论性报告 *Using Artificial Intelligence& Machine Learning in the Development of Drug & Biological Products* 中还提及，人工智能还可用于研究地点的选择、临床试验数据的收集、管理和分析、临床终点评估等新药临床研究环节。

药物警戒是与发现、评价、理解和预防不良反应或其他任何可能与药物有关问题的科学研究与活动。药物警戒不仅涉及药物的不良反应，还涉及与药物相关的其他问题。虽然在药品上市前的各阶段研究中对药物的安全性已经进行了较为细致的考察，但是由于研究时间有限，对于一些较为罕见的不良反应、长期毒性以及药物在特殊人群（如儿童、孕妇、老人等）中的表现，临床研究阶段可能并不能提供完整的数据，因此药物上市后的安全监测显得尤其重要。个例安全性报告（Individual Case Safety Report，ICSR）被用于在药物批准后向药品监管部门报告不良事件，是药品上市后监控潜在药物安全问题的重要数据来源。目前个例安全性报告不良事件数据来源的数量和复杂性均在不断攀升，数据来源可能包括自发报告、临床试验、社交媒体、电话、电子邮件、患者主动登记、索赔数据等，相较于人工识别的费时费力，人工智能在从数据源中获取这些案例之后，可以识别该报告的有效性，并进行案例的优先级排序，此外还能完成重复性检查，并根据报告的内容对其进行分类编码。人工智能不仅可以实现病例的处理，同时还能进行病例评估和病例提交。

应用实例：美国 FDA 药品审评与研究中心（CDER）监督与流行病学办公室（OSE）开发了信息可视化平台（Information Visualization Platform，InfoViP）用于支持 OSE 安全性审评员审查数据或内容，形成更深入的见解，给出预测或建议，以便支持上市后安全性监督。InfoViP 结合了自然语言处理（NLP）、机器学习（ML）以及先进的数据可视化技术。InfoVip 可以通过自然语言处理技术对报告进行自动扫描和识别，并实现相关临床信息的提取和可视化，便于审评人员审评，此外 InfoVip 可以评估不良事件与药物的因果关系，从而对报告进行分级评估，这样审查员就可以优先对高质量的报告进行审查。InfoVip 另一个功能就是剔除重复数据，InfoViP 基于 NLP 的"重复数据删除"算法可以有效地扫描、提取和比较大量 ICSR 中的众多数据点，自动检测重复报告，并将其提交给安全性审评员进行确认。

5.2　联合治疗

联合治疗对治疗复杂疾病很有效。不同药物间的协同作用有助于对抗耐药性疾病菌株和肿瘤，因为这些疗法可以在多个方面攻击疾病。然而，联合治疗可能与毒性增加有关。由于药物的大量和不断增长而导致的组合爆炸，人们需要开发计算方法来选择毒性最小的优化联合治疗。基于人工智能的模型已经被开发出来，用于预测许多疾病中的协同药物组合，包括传染病和癌症。非疾病特异性的联合治疗预测因子也已经被开发出来。这些模型在输入、输出和体系结构上差异很大。

联合药物治疗自 20 世纪 60 年代以来一直被用于癌症治疗。由于各种原因，在大多数情况下比单药治疗更可取。在单药治疗不能克服的情况下，联合药物治疗被证明可以克服患者对抗癌药物的固有耐药性，也可以防止获得性耐药性的产生；也被证明可以导致剂量相关毒性的降低，同时通过添加剂或协同效应增加癌细胞的消除。

然而，寻找新的有效药物组合是一项复杂的工作，因为存在大量可能的药物组合，而且每次新药开发出来，这个数字就会增加。当前，有效的药物组合的发现，很大程度上是基于医生的经验，因为他们在临床上不断尝试新的治疗组合，但这个过程中，患者的分子数据很少被利用。

虽然可能的药物组合的空间太大，无法进行详尽的测试，但最近已经有努力通过高通量筛选来衡量药物组合的疗效。两两药物组合的数量是指数级的，数量巨大，详尽地测试可能的组合是不可行的，这显然需要一种数据驱动的方法来发现有效的药物组合。上述来自体外筛选的数据集使这些方法的发展成为可能，目前已经有各种尝试使用机器学习方法来预测抗癌药物的最佳协同组合。

人工智能辅助药物联合选择策略已开发用于治疗人类免疫缺陷病毒。由于病毒不断产生病毒蛋白酶和逆转录酶的耐药突变，艾滋病毒的治疗变得复杂。这一现象迫使患者定期改变治疗方案，以解决病毒遗传学的变化，并防止病毒载量的增长。药物造成的毒性负荷也必须被最小化。依赖于机器学习的计算方法已被开发出来，以分析这些蛋白质的变化。三种机器学习方法，人工神经网络、随机森林和支持向量机，可根据病毒突变数据和一些添加的临床生物标志物，来预测药物组合给药后的病毒学反应。结果的准确性通过实际结果和预期结果之间的 r^2 值来评估。

当将基于规则的系统输出作为逻辑回归模型输入时，所得到的结果可与纯机器方法相比较。精度的提高与否，与模型中基于规则的部分有关，因为它在没有基于规则的系统的情况下实现了与逻辑回归类似的结果。在预测精度方面，机器学习方法比基于规则的系统具有更高的性能，支持应用这种不透明的方法来降低复杂生物数据的维数，用于药物治疗选择，可作为辅助建议形式供医生利用。

预测特定癌症对治疗的反应是现代肿瘤学的一个主要目标，其结果可以作为个性化治疗的依据。通过对基因组异质性癌细胞系潜在活性化合物的活性研究，能够提示基因组改变和药物反应之间的多种联系。已有多种计算方法被提出来预测药物敏感性。为了整合这些互补的计算方法，哈佛医学院 Michael Menden 等人开发了机器学习模型来预测癌细胞系对药物治疗的反应，通过预测半数抑制浓度，对基于细胞系的基因组特征和所考虑过的药物的化学特性进行量化。

5.3 评估药物反应

机器学习模型的开发，可以为测量肿瘤药物反应提供一个协同有效的途径。虽然以往的大多数研究都集中在使用经典机器学习方法的单一药物筛选数据上，但大数据库的发布，使适合大规模数据的深度神经网络系统地建模成为可能。

虽然模型在预测肿瘤细胞系生长和协同药物对排序方面取得了很好的结果，但仍有很大的改进空间。例如，分子特征的贡献可能会随着更多细胞系的加入而增加。另一个没有充分利用的信息来源是药物浓度。现在更需要做的是，寻求将多个单一药物筛选研究，整合到一个统一的剂量反应预测框架中的方法。肿瘤类型和药物作用机制等辅助特性也可以作为多任务模型中的辅助预测靶点来添加。为了了解药物反应模型的普遍性，需要更系统的交叉验证方案来分析它们对新药、细胞系和跨研究的预测能力。

癌症是一种极其复杂的疾病，一个肿瘤细胞可以发展为亿计的编码区突变，并可能导致耐药性的出现。为了对抗这种巨大的不确定性，联合疗法被开发出来，以同时与多个靶点相互作用。基于已有的细胞生物学知识，虽然一些有前途的药物组合已经可以使用，但许多药物的相互作用机制仍然未知。

药物反应模型的一个重要应用是在高通量虚拟筛选中。如果一个机器学习模型是准确的，它就可以在推理模式下作为一个计算运行，以降低筛选成本。

未来研究的几个方向似乎特别吸引人。首先，纳入更多的药物特征，如浓度、分子图卷积和原子卷积等。其次，采用其他计算描述符和指纹工具，以覆盖整个药物集，这样就会有足够的数据点来创建一个用于测试的保留集。再次，利用半监督学习方法来编码分子特征与外部基因表达和其他类型的数据。最后，探索先进的网络架构，并使用正在开发的可扩展的深度学习框架来执行严格的超参数优化。

上述预测方法的主要问题是其推理对操作者或选择者不透明，使决定治疗决策变得困难。机器学习方法通常会为了提高预测性能而牺牲一定程度的透明度。

虽然能够识别可能是协同作用的药物组合很重要，但理解为什么模型预测这些组合具有很高的协同作用也很重要。

（1）应用实践一。

芝加哥大学计算研究所使用从真实对接筛选中获得的最佳组合评分，计算了每个细胞系的前 100 对药物对的列表。然后，从所有细胞系中汇集了这些列表，并按频率对药物对进行排序。将前 10 个有前途的药物对与来自模型推断的生长分数的预测版本进行了比较发析。结果显示的列表中 90% 相同的。

基于此，他们提出了一个简单的、两阶段的深度神经网络模型，用于预测药物对反应。它支持多种类型的肿瘤特征，可以很容易地扩展到适应两种以上药物的联合治疗。该模型具有良好的性能（$R^2 = 0.94$），对细胞系或药物对没有明显的偏差。最初的结果看起来也有希望在许多细胞系中挑选出始终大于单药疗效的药物对。对输入特征的实验表明，该模型不仅仅是记住药物组合。相反，药物描述符使 r^2 提高了 0.81。

这与以前的协同模型不同，因为它是一个回归问题，预测一个连续的值而不是一个类别。正描述为协同作用，而负描述为拮抗作用。它应用了两类数据：化学结构数据，以 104 种药物的 QSAR 描述符和分子指纹的形式；细胞系描述符，以基因表达微阵列、mi-croRNA 表达谱和 NCI-60 细胞系的蛋白质丰度测量。他们使用均方误差、平均平均误差和 r^2 值来表示模型的精度，通过整合所有的数据表单，再次取得了最佳的结果。他们还分析了模型作为输入的准确性和输入的函数，发现药物化学描述符比细胞系描述符重要得多。

当仅使用基因表达和一个热编码药物名称，或仅使用基因表达和药物化学描述符时，模型预测的 r^2 值分别从 0.1272 跃升至 0.9005。一个热编码描述了一种方法，其中一个类别列表被转换为一组数，1 表示该实例在给定类别中的存在，0 表示其不存在。添加化学特征所导致的 r^2 值的大跳跃，与 r^2 值的小增加，0.8892 到 0.9208 形成对比，这是由于细胞系特征的蛋白质浓度、表达水平和 RNA 表达水平，而不仅仅是热编码的分子特征。这些结果表明，正如作者所述，化学特征的信息对模型的预测能力更重要，但也可能意味着一个热编码比化学特征更好地代表细胞系的特征。仅使用细胞系或化学描述符构建的模型的例子将有助于阐明哪种形式的数据才是真正最重要的。

（2）应用实践二。

华盛顿大学计算科学工程中心，利用极端梯度增强树开发了一个机器学习模型，构建一个具有显著药物反应预测能力的计算模型，用于预测药物协同得分。

模型使用总共 8846 个特征，包括细胞系的基因表达水平、QSAR 描述符和分子指纹的药物实现等级相关参数，然后使用基于树的架构特性排序方法，给特性代表在构建树的权重量化描述符。由此证明，机器学习模型如果只有前 1000 特性几乎没有性能损失。他们还检查了排名前 100 位的特征，发现其中只有 17 个与基因表达谱相关，其余的都是与药物相关的特征。由于很难将这些结果与其他模型的结果进行比较，该模型与其他模型的计算规模不同，没有提供预测结果与实际模型之间的 r^2 值。但相关值相当高，支持了该建模方法的实用性。协同作用预测明显更依赖于药物特征、化学描述符、相似性指标和相互作用网络，而不是患者特征和基因谱。

5.4　药物−药物相互作用

如果不讨论药物−药物相互作用，关于选择联合治疗的决策支持系统的讨论将是不完整的。预测模型中的药物−药物相互作用对药物治疗的选择和给药过程很重要，因为它可以帮助减少不良反应和最大限度地提高剂量效率。尤其是越来越多的老年人群，以及可能需要服用多种药物的复杂疾病患者，他们与多药治疗相关的风险越来越受到关注。

患者同时服用多种药物的概率随着年龄的增长而增加，因为患者同时患疾病的数量增加。复杂的疾病往往需要多方面的药物方案来针对所有有问题的区域。因此必须开发预测药物−药物相互作用的方法用于临床，以防止多药治疗对患者健康产生负面影响。

虽然药物−药物相互作用是作为药物批准过程的一部分进行筛选的，但由于大量可能的组合，其中许多表现直到临床试验后才被注意到。目前还没有预测新的药物−药物相互作用的标准方法，但肯定需要开发和采用某种方法。开发基于人工智能的模型，可以用于从生物、化学和药代动力学数据中先验检测药物−药物相互作用，并向着最终满足临床实验要求迈进。

使用机器学习预测药物−药物相互作用通常是通过计算两个分子的目标、通路和结构的相似性来完成的。由于添加每个新药物结构所造成的巨大不确定性，以及每种添加药物所需的计算能力呈指数级增长，很少有研究试图预测两种以上药物的组合。

但需要注意的是，描述一个模型的预测能力的通常度量标准是不完整的，甚至对具有类分布偏差的二元分类具有误导性。根据药物银行和双药银行的药物−药物相互作用数据，基于随机森林的模型的预测能力最高。这种建模方法的缺点是它依赖于语义和拓扑数据，而不是像 QSAR 描述符这样纯粹的定量变量。

Vanderbilt 大学生物医学信息中心的科研人员，利用朴素贝叶斯及逻辑回归技术整合与药物–药物组合的表型、治疗、基因组和结构相似性相关的数据，开发了基于机器的模型来预测药物–药物相互作用。朴素贝叶斯是一种统计方法，它利用各种表示类别的概率，并给出最可能的类作为预测。精度随核类型的函数而变化。该法通过计算两个节点之间存在一个链接（即交互）的概率，从描述网络相似性的拓扑指数和药物之间描述治疗、化学、结构、副作用和文本分类相似性的语义特征。它具有更简单的优点，但以牺牲操作员的透明度为代价而提高精度的趋势仍然存在。这些是迄今为止任何药物组合预测因素的最佳结果，加强了协同效应预测更依赖于药物相关数据而不是患者相关数据的情况。

5.5　剂量控制和时间

正确控制剂量和给药时间，对于个性化的药物方案至关重要。理想的给药方案，可以使体内药物浓度保持在高于最低有效浓度，但低于最低毒性浓度的恒定平衡状态。这种理想的给药被称为零阶释放。计算模型被利用来描述接近理想的零阶释放，以最大化药物的有效性，同时最小化副作用。

在实际临床过程中，可以将实时传感器与软件相结合，以测量和优化测试药物的药代动力学特性，指导给药剂量和给药时间。一些模型旨在预测药物将如何与各种转运体和膜相互作用，参与药物的吸收、分布、代谢、排泄和毒性，以阐明患者机体如何对药物作出反应。通过开发一种特征选择和参数优化的系统方法，可以极大地改进预测 ADMET 特性的机器学习方法。华西医学院生物治疗实验室的研究人员使用遗传算法，通过特征选择和共轭梯度方法进行参数优化，建立了 4 种与药物药代动力学相关的模型的支持向量机架构。共轭梯度法是一种迭代计算误差减少最小方向的数学技术，直到找到最小的误差。遗传算法通过对每个特征向量或一行特征进行评分，基于其对所解决问题的信息贡献，并将这些高得分特征与其他进行交叉，来找到一组最优特征。它重复这个过程，直到模型的精度不再增加，从而找到导致可达到的最小误差的参数权值集。遗传算法的特征选择和参数优化方法已被证明对于构建基于支持向量机的机器学习模型特别有用。

应用支持向量机架构预测药代动力学特性，以及在支持向量机架构中应用这些优化技术可以带来巨大收益。在多种情况下，最好的准确性都是通过应用这里所示的技术来实现的，但其中一些可能是因为他们所预测的类有严重的偏差。没有一个数据集可以选择两个类别的实例，在不同情况下，具有更多代表性的类的准确性都要高得多。可以使用像这样的度量来证明模型独立于这类偏差的预测能力，或者使用像合成少数过采样这样的技术，来解决这个问题。

随着时间的推移，准确预测肿瘤体积或任何其他疾病对药物的反应，对于最大限度地提高药物的有效性，同时通过阐明疾病进展程度作为药物敏感性、剂量和给药时间的函数来降低不必要的毒性程度，是极其重要的。

（1）应用实践一。

蒙特利尔大学新药中心开发了一个循环神经网络模型，用于预测一般疾病的时间反应，称为循环边缘结构网络。此数学模型描述了肿瘤体积与其前一时间点的大小关系，以及四项相关系数：①肿瘤生长速率。②辐射剂量、敏感性和暴露时间。③化疗剂量和敏感性。④偏倚项。目的是证明无偏治疗反应和多步骤预测性能，从而评测给药时间和剂量的变量。他们将该模型预测肿瘤体积的能力与其他已知方法进行了比较，发现与一些基准和最先进的方法相比，它们的均方根误差最低。表明该模型能够随着时间的推移调整治疗变化，误差增长可以忽略不计。通过均方根误差测量，该模型的预测性能比传统方法高80.9%，比最先进的贝叶斯方法高66.1%。该模型由两部分组成：它首先编码给定患者当前疾病状态的表示，然后使用解码器来预测选定药物方案在一定时间内的治疗反应。

（2）应用实践二。

里昂大学药物研究实验室使用蒙特卡罗树启发的方法，开发了一个用于替莫唑胺剂量和时间与减小肿瘤大小有关的优化参数的模型。他们使用替莫唑胺的药代动力学和药效学数据来代表该药物，并使用绝对中性粒细胞计数的最低点、替莫唑胺的骨髓抑制作用描述的生理因素来描述毒性。使用这些技术和数据开发的方案导致平均预测肿瘤收缩7.66倍，95%置信区间为7.36～7.97。这些模型没有在真实患者上进行测试，仍然需要开发一种方法来促进这些结果的体内测试。

5.6　辅助诊疗

应用人工智能作为选择和管理个性化的药物方案的辅助手段，非常有必要，特别是在许多患者需要全新的治疗方案的复杂疾病时。现代医学利用疫苗接种和抗生素等技术取得了巨大的成功，这些技术通常在患者之间没有多少调整。精确和个性化的药物方法是为了对抗遗留下来的疾病——那些没有一刀切的解决方案的疾病。只有通过应用依赖于人工智能引擎的计算工具，我们才能真正利用需要整合的大量生物、化学和医学数据，以充分理解和对抗癌症等复杂疾病。人工智能可以作为骨架关键，推荐所有疾病的治疗。相反，人们目前正在开发工具，以处理每种疾病和每个患者的药物选择和给药过程中的特定任务。

与其他数学近似方法非常相似，人工智能建模方法确定的函数在不外推到大输出区域时最精确。通过分别减少分类和回归问题的可能输出数量或输出范围，限制模型的预测空间有助于提高其准确性。

　　人工智能技术中所依赖的数据和建模方法的复杂性通常导致决策过程的执行，这是人类操作员完全无法理解的。这是不可避免的，因为我们没有一种可想象的方式来考虑和整合所有与每个患者相关的适当的生物、化学和医学信息，以设计一个特定于他们需要的治疗方案。如果我们能处理这种情况，我们就不需要人工智能了。

　　了解疾病的遗传学可以让临床医生推荐治疗方法，并提供更准确的诊断。医生面临的一个关键挑战是确定患者基因组中的新变异是否与医学相关。在某种程度上，这一决定依赖于预测突变的致病性，这项任务已经使用了蛋白质结构和进化守恒等特征来训练学习算法。鉴于深度学习技术在有效整合不同数据类型方面具有更大的能力，它们将提供比今天更准确的致病性预测。

　　人工智能和机器学习几乎会影响疾病药物治疗的各个方面。对于疾病诊断来说，机器学习能够为临床医生提供与疾病相关的预测建模概念，如特征选择和常见的缺陷等。并呈现普通医学和重症医学中的历史案例，解释这些方法如何应用于实现精确的疾病学和改善患者的预后。人工智能和机器学习在疾病诊断中的前景是提供一种有力分析工具，以增强和扩展医生的判断能力。全基因组测序和流媒体移动设备生物识别技术等数据分析技术的临床引入，可以增强患者护理的每个阶段，即从研究发现到诊断，再到治疗的选择。因此，临床实践将变得更有效、更方便、更个性化、更有效。

　　长期以来，医生一直需要识别、量化和解释变量之间的关系，以改善患者护理。人工智能和机器学习包括多种方法，允许计算机通过算法学习数据的有效表示来做到这一点。在这里，"人工智能"和"机器学习"或多或少是同义词，更准确地说，机器学习可以被理解为一组实现人工智能的技术。经典机器学习和经典统计学之间的区别与其说是一种方法，不如说是一种意图和文化。统计的主要重点是对样本或总体参数进行推断，而机器学习侧重于算法表示数据结构和做出预测或分类。这两者往往相互交织在一起。因此，不能在经典的统计学和机器学习方法之间设置一个明确的边界，它们是类似的，但可以用于回答和解决不同的问题。

　　神经网络训练需要大量的有效的数据，这就提出了两种类型的问题。首先，在数据共享方面，个人和集体利益之间存在两难困境。一方面，大多数患者的个人利益是通过限制数据访问和共享或提供匿名或不完整的数据来保护其隐私和数据的机密性。另一方面，集体利益有利于更好的健康表现，这意味着临床医生和研究人员必须收集和共享完整的数据。多个国家正在以不同的方式修改各自的立法来处理数据保护和共享。在国内和国际上尚未建立收集和共享大数据的标准程序。让患者参与数据收集和数据登记，可能是缓解患者对数据保密性和临床数据共享需求的焦虑的一种方法。

　　在临床实践中，使用人工智能还有一个值得一提的结果：改变医患关系。患者在知情的情况下寻求医生的帮助，医生在知情的情况下接受个人作为患者。医患关系主要基于信任、知识、尊重和忠诚。值得注意的是，这种关系对健康结果有实际的影响。糟糕的医患关系会显著损害患者的健康。人工智能在临床应用必然会以复杂的预测的方式改变医患关系，但必须采用最佳的患者护理方式。

最近，有几家大公司已经投资了医学人工智能。谷歌的子公司 DeepMind 健康公司正在与英国国家卫生服务部门合作，在伦敦的几家医院部署人工智能解决方案，旨在解决未能对住院患者进行救援的问题。IBM 的子公司沃森健康公司也参与了医学人工智能的业务。在肿瘤学方面，据报道，沃森对 93% 的乳腺癌病例的建议与肿瘤委员会的建议相一致，至少在实验室条件下是这样的。

私营企业参与医学人工智能研究是一个加速人工智能在临床实践中部署的机会。然而，也有一些问题必须强调。首先，在公立医院工作的临床医生和参与医学人工智能研究的私人公司之间的伙伴关系应该保持平衡。在一种公私合作的模式中，临床医生将只提供数据，而私营公司将全权负责开发人工智能算法，这将涉及临床医生可能被迫使用人工智能工具的风险。相反，一个良好平衡的伙伴关系可以更容易地确保患者由训练有素的临床医生治疗，并获得最佳技术。

医学人工智能是一把双刃剑，它可以很容易地远程使用。因此，它有可能帮助发展中国家获得尖端的诊断和预后工具。然而，必须努力确保最脆弱的人将有效地从先进的药物中获益。医疗培训是在部署医学人工智能过程中必须面临的另一个挑战。医生需要发展对人工智能算法的正确理解，以在临床实践中安全地使用它们。然而，深入理解人工智能算法需要使用先进的数学工具，完成这一工作可能并不需要专业医生。因此，应讨论修改医学培训和继续医学教育。

人工智能在临床医学中的应用为患者和临床医生开辟了一个广阔的机会领域。然而，在伦理、医疗培训、法规和责任方面，一些挑战尚未得到满足。特别是，我们应该采取行动来控制人工智能在临床实践中的使用，如更新良好的临床实践指南，以考虑到机器学习算法的使用，保护患者的数据，同时支持临床研究。

需要强调一些基本原则：临床研究中使用的医学人工智能算法应在多中心、双盲、随机、前瞻性研究中进行评估，并采用外部验证数据集，以确保其性能在相对异质的目标人群中可重复。从事研究的个人应该获得医学和人工智能方面的充分资格和培训。此外，应持续监测医学人工智能算法的上市后性能，并及时报告不良事件。这些措施将确保人工智能在临床医学中得到最佳使用，以便患者和医生能够安全地利用其诊疗辅助能力。

5.7 诊疗图像分析

在数字病理学中，人工智能方法已被应用于各种图像处理和分类任务，包括低级别任务，如重点关注对象识别问题，以及高级别任务，如基于图像中的模式预测疾病诊断和治疗反应的预后。与最终应用无关，人工智能方法最初是为了提取适当的图像表示，然后可以用于训练用于特定分割、诊断或预测任务的机器分类器。数字病理学中的一些人工智能应用集中在需要自动化病理学家耗时的任务上，从而使它们能够在高级决策任务上花费额外的时间，尤其是与具有更多混杂特征的疾病表现相关的任务。此外，数字病理学中的人工智能方法越来越多地被应用于帮助解决肿瘤学家面临的问题，例如，通过开发评估疾病严重程度和结果的预后分析，以及预测治疗反应的分析。

基于人工智能的方法是缓解肿瘤学家和病理学家面临的一些挑战的起点，这些方法稳健且可重复。这一前提得到了几项研究的结果的支持，基于人工智能的方法与专业病理学家的方法具有相似的准确性。

病理学家和肿瘤学家利用固有专业知识，创建特定的手工制作的基于特征的机器学习方法，或者在没有固有领域知识的情况下，来描绘和开发机器学习算法的构建块，在手工创建的机器学习方法中，尝试构建固定到问题域的新特征，即算法通常针对特定的癌症或组织类型，重点关注可能不适用于广泛应用的特定特征。例如，这些手工制作的特征可以反映有丝分裂图的定量计数，病理学家目前在乳腺癌分级过程中对其进行定性评估。然而，手工制作的特征也可以包括领域不可知的特征，例如组织的亚视觉纹理异质性测量或细胞核形状和大小的定量测量，这些特征可以应用于疾病和组织类型。

广泛使用的特征，要求其能够量化单个类型的离散组织元素或基元（如细胞核、淋巴细胞或腺结构）或不同组织特异性基元之间的空间分布、排列和结构。这些基于特征的领域识别和领域特异性手工方法已用于癌症亚型的诊断、分级、预后和治疗反应预测，包括前列腺癌、乳腺癌、口咽癌和脑瘤。

基于卷积神经网络的图像诊断方法方面已经有很多成果，这在很大程度上是由于卷积神经网络在对象分类任务中达到了人类的分析水平，在该任务中，卷积神经网络学习对图像中包含的对象进行分类。这些相同的网络在迁移学习中表现出了强大的性能，其中最初在与感兴趣任务无关的海量数据集上训练的卷积神经网络在与感兴趣任务相关的小得多的数据集上进一步微调，比如对医学图像。在第一步中，该算法利用大量数据来学习图像中的自然统计数据，直线、曲线、颜色等；在第二步中，对算法的更高层进行重新训练，以区分诊断病例。

类似地，对象检测和分割算法识别图像中与特定对象相对应的特定部分。卷积神经网络将图像数据作为输入，并通过一系列卷积和非线性运算对其进行迭代扭曲，直到将原始数据矩阵转换为潜在图像类别上的概率分布。

如今，深度学习模型在各种诊断任务中都达到了医生级别的准确性，包括从黑色素瘤、糖尿病视网膜病变、心血管风险中识别痣、从眼底和光学相干断层扫描图像中转诊、在乳房 X 线照片中检测乳腺病变，以及用磁共振成像进行脊柱分析。单一的深度学习模型也能有效地应用于跨医学模式的诊断中。然而，在比较人类与算法性能的研究中，临床背景变得很关键，它限制了算法仅使用现有的图像进行诊断。这通常会增加诊断任务难度，因为在现实世界的临床环境中，医生可以访问医学图像和补充数据，包括患者病史和健康记录、额外测试、患者证词等。

临床上，医生开始在紧急和容易错过的病例图像中使用对象检测和分析，例如在患者发生永久性脑损伤之前的有限时间里，使用放射学图像标记大脑中的大动脉闭塞，或需要医生费力地扫描和诊断千兆像素图像（或相当大的物理幻灯片）的癌症组织病理学读数。这些可以用经过训练的卷积神经网络来补充，以检测有丝分裂细胞或肿瘤区域。他们可以被训练来量化组织病理学图像中存在的 PD-L1 的量，这对于确定患者接受哪种类型的免疫肿瘤学药物很重要。

结合高像素分析，卷积神经网络甚至被用于发现与生存概率相关的组织的生物学特征，为新的医学成像任务构建有监督的深度学习系统的主要限制，是足够大的标记数据集。用于特定任务的小型标记数据集更容易收集，但会导致算法在新数据上表现不佳。在这些情况下，用于大量数据扩充的技术已被证明在帮助算法泛化方面是有效的。同样，大型但未标记的数据集也更容易收集，但需要转向改进的半监督和无监督技术。

自然语言处理侧重于分析文本和语音，从单词中推断意义。递归神经网络是一种有效处理语言、语音和时间序列数据等顺序输入的深度学习算法，在该领域发挥着重要作用。自然语言处理的显著成功包括机器翻译、文本生成和图像字幕。在医药研究领域，顺序深度学习和语言技术为电子健康记录等领域的应用提供了帮助。

在进行预测时，迄今为止的大多数工作都对有限的结构化数据集使用监督学习，包括实验室结果、生命体征、诊断代码和人口统计数据。为了解释结构化和非结构化数据，研究人员开始采用无监督学习方法，例如自动编码器，在自动编码器中，首先训练网络，通过压缩然后重建未标记的数据来学习有用的表示。最近使用卷积和递归神经网络对患者记录中发生的结构化事件的时间序列进行深度学习建模，以预测未来的医疗事件。

下一代自动语音识别和信息提取模型可能会开发临床语音助手，以准确转录患者就诊。医生在工作日中很容易花大量精力外理电子健康记录，会导致倦怠并减少与患者相处的时间。自动化转录将缓解这种情况，大大地提高效率。

数字病理学包括使用全玻片扫描仪对组织病理学切片进行数字化的过程，以及使用计算方法对这些数字化的全玻片图像（WSI）进行分析。数字病理学一词最初被用于包括使用先进的玻片扫描技术将全玻片图像数字化的过程，现在还指用于数字化图像的检测、分割、诊断和分析的基于人工智能的方法。

计算机工程师和数据科学家正在引导开发病理学和肿瘤学中新的基于人工智能的图像分析方法，他们正在开发和应用人工智能工具执行各种任务，例如帮助提高诊断准确性和识别精确肿瘤学的新生物标志物方法。病理学家和肿瘤学家是这些图像分析方法的主要最终用户。在常规临床实践中，病理学家（尤其是解剖病理学家）的组织学诊断的基础是对分析样本的多种形态特征的视觉识别、半定量和整合，以及潜在疾病过程的背景。通过广泛的研究生系统培训，病理学家能够快速提取与预定义标准和预先存在的临床特征相关的主要形态学模式，以便对其观察结果进行分类。最常见的是，这一过程的结果是组织病理学诊断，并以书面报告的形式提交给治疗医生。虽然系统培训和使用标准化指南可以支持分析过程和诊断准确性的统一，但组织病理学分析本身就受到其主观性质以及独立观察者之间视觉感知、数据整合和判断方面的自然差异的限制。

在癌症中，影响细胞信号传递和细胞与环境相互作用的基因组改变的复杂性会影响疾病的生物学过程，并影响对治疗干预的反应。对这种变化的评估需要用高度敏感和精确的方法同时询问多个特征。

此外，大多数生物学特征是连续变量，将这些特征简化为分类和/或离散变量对于其在临床决策中的使用是必要的。然而，生物标志物的开发通常是一维的、定性的，并且不能解释肿瘤细胞，或组织的复杂信号传导和细胞网络。基于人工智能的常规苏木精和伊红（H&E）染色后，多个亚视觉形态计量学特征的自动提取，仍然受到采样问题和肿瘤异质性的限制，但可以帮助克服主观视觉评估的局限性，并整合多个测量，以捕捉组织结构的复杂性。这些组织病理学特征可能与其他放射学、基因组学和病理学测量结合使用，以提供更客观、多维和功能相关的诊断输出。

随着机器学习技术，特别是深度学习技术的出现和图形处理单元的发展，使用人工智能技术的大数据分析现在在各个领域，包括医学领域都很普遍。它在医学领域的引入允许对生物现象进行更客观的分析，这些现象天生复杂和多样，需要仔细确定从分析中获得的结果的普遍性。在这样一个学术领域，如果科学讨论只涉及有限的数据，那么就很难理解一个现象的完整图景，很容易陷入"树木看不到森林"的状态。相比之下，使用人工智能技术的大规模数据分析将更客观、不遗漏地阐明生物现象，它有望对医学的进步做出巨大贡献。

有人使用傅里叶变换红外光谱测量血清样本，并使用深度学习分析结果，以显示其在区分健康个体、过敏患者和接受过敏原特异性免疫治疗的患者的血清方面的潜力。

有人利用贝叶斯网络构建了一个代表基因-基因相互作用的上皮-间充质过渡（EMT）网络，表明该 EMT 网络的样本特异性边缘贡献值模式是肺癌患者的生存率，且使用一个公开的数据集［癌症基因组图谱（TCGA），重点是肺腺癌（LUAD）］。有人通过结合深度学习和机器学习的多组学分析，成功地对预后良好和不良组进行了分类，并成功识别了有助于 LUAD 患者生存的基因。高桥等人通过结合深度学习和机器学习，分析由 6 类TCGA 组成的多组学数据集，根据预后（差或好）对肺癌患者进行了分类。

5.8　临床决策

临床决策是一个复杂的过程，可以用最初在认知科学中发展起来的双过程理论来建模。双过程理论指出，临床决策涉及两种不同的途径：第一种是直观的，通常被描述为潜意识的、非语言的和自主的，第二种是分析性的，被描述为有意识的、语言的和深思熟虑的。

面对复杂的临床问题，即使受过相同培训的病理学家之间也可能出现意见分歧，导致诊断不一致的情况。这个问题的本质很可能是，多因素和有效的解决方案仍然难以确定。此外，非侵入性或微创手术获取诊断样本的广泛使用，大大降低了所获得样本的大小和质量，使病理学家的工作更具挑战性。与其相反，这种困难伴随着对进行精细诊断的需求不断增加，包括报告具有预后或预测价值的变量。即使使用更客观的分子分析策略，频繁的限制也会使疾病过程的生物学驱动因素的明确诊断或表征复杂化。患者偏好和报销考虑因素也会对诊断过程产生很大影响，临床团队应谨慎行动。因缺乏标准，伴随诊断分析和用于指导治疗决策的生物标志物的可变性进一步加剧了这些问题，但也是样本中空间和/或时间生物异质性的结果。

参与临床决策的医生所期望的一些特征，如理性、批判性思维、反思和沟通技巧，都属于分析途径。与直观路径相关的其他特征，如认知和情感偏见，当它们没有被正确地理解和管理时，可能会对临床判断构成威胁。

人工智能可能是帮助临床决策医生的一个有价值的工具，特别是因为在大多数国家的医疗培训中，专门针对临床决策和解决问题的医学课程很少或不存在。人工智能不仅可以指导临床医生进行推理，而且可以帮助他们更多地意识到自己的认知和情感偏见。

除了临床决策之外，人工智能在临床医学中的应用还提出了一个关于医学本质的更具理论性的问题。在 20 世纪，由于科学和技术的进步，医学成为一门艺术和一门科学。这种双重身份的一个很好的证明是，尽管循证医学被广泛接受，但仍得到专家意见的补充。如今，医学人工智能的出现从根本上将医学与一般的硬科学，特别是数学和计算机科学联系起来。

总之，在药物化学和药物发现中，最好的人工智能不一定是能够自主设计新药的单个人工智能，而是多个不同的人工智能。在药物发现过程中，从靶标选择、先导物确定、高通量筛选到临床前研究和临床试验，人工智能能够更好地理解和设计新的输入。

虽然人工智能并不是所有挑战的答案，但它是一种有用的工具，如果使用得当，可以有效提高药物研发效率并推动新的发现。

第6章
人工智能辅助药物基因识别

药物进入体内需要经过吸收、分布、代谢、排泄等一系列复杂的过程，单一地研究某一方向无法诠释这一生命问题。药物基因识别是一种通过分析个体基因组信息来预测药物反应的科学方法。随着基因检测技术的不断发展，整合多组学信息和生物网络识别药物基因识别成为可能。药物基因识别作为一种新兴的医学技术，在未来的临床应用将越来越广泛，为患者带来更为精确和个性化的药物治疗方案。本章综述了多组学数据和生物网络，介绍了药物代谢和药效相关基因，并给出人工智能的药物基因识别方法和应用实践。

6.1　多组学数据和生物信息软件

（1）多组学数据。

多组学是测序技术的产物，它通常包括基因组学、转录组学、蛋白质组学、代谢组学、表观组学等多个维度数据。在现代生物学领域，多组学迅猛发展解决了单一组学数据对于探究生物学问题的单一局限性，使生物体问题从多维度信息进行表征。

多组学数据之间的级联关系见图6-1。

图6-1　多组学数据之间的级联关系

基因组学是对生物体所有基因进行集体表征、定量研究及不同基因组比较研究的一门交叉生物学学科。基因组学主要研究基因组的结构、功能、进化、定位和编辑等，以及它们对生物体的影响。基因组学的目的是对一个生物体所有基因进行集体表征和量化，并研究它们之间的相互关系及对生物体的影响。基因组学还包括基因组测序和分析，通过使用高通量DNA测序和生物信息学来组装和分析整个基因组的功能和结构。

转录组学是指一门在整体水平上研究细胞中基因转录的情况及转录调控规律的学科。转录组学是从RNA水平研究基因表达的情况，转录组即一个活细胞所能转录出来的所有RNA的总和，是研究细胞表型和功能的一个重要手段。以DNA为模板合成RNA的转录过程是基因表达的第一步，也是基因表达调控的关键环节。所谓基因表达，是指基因携带的遗传信息转变为可辨别的表型的整个过程。与基因组不同的是，转录组的定义中包含了时间和空间的限制。同一细胞在不同的生长时期及生长环境下，其基因表达情况是不完全相同的。

蛋白质组学是以蛋白质组为研究对象，研究细胞、组织或生物体蛋白质组成及其变化规律的科学，本质上指的是在大规模水平上研究蛋白质的特征，包括蛋白质的表达水平、翻译后的修饰、蛋白与蛋白相互作用等，由此获得蛋白质水平上的关于疾病发生、细胞代谢等过程的整体而全面的认识。蛋白质之间互相作用是必不可少的，它是细胞进行一切代谢活动的基础。

代谢组学是对生物体内所有代谢物进行定量分析，并寻找代谢物与生理病理变化的相对关系的研究方式，是系统生物学的组成部分，其研究对象大都是相对分子质量 1000 以内的小分子物质。代谢组学的概念来源于代谢组，代谢组是指某一生物或细胞在一特定生理时期内所有的低分子量代谢产物，同时对其进行定性和定量分析的一门新学科，它是以组群指标分析为基础，以高通量检测和数据处理为手段，以信息建模与系统整合为目标的系统生物学的一个分支。

人类 miRNA 组学：miRNA 是一类长度为 20~24nt 的高度保守的内源性小分子 RNA，在转录后水平上调控基因表达。miRNA 通过与 mRNA 靶向结合，抑制蛋白质的合成，实现对基因的表达控制。据估计，miRNA 调控了人类 60% 的转录过程。miRNA 通过序列特异性的 RNA 基因沉默作用调节参与了多种生物过程。现有研究已发现 miRNA 参与了细胞增殖发育、组织分化、细胞循环和细胞凋亡等。比如 miRNA 与植物胚芽和叶的发育、人和鼠的细胞发育、神经细胞的生长发育以及神经干细胞向神经细胞的转化等密切相关；miRNA 与一些疾病有密切关系，如精神分裂症、帕金森综合征和其他神经异常症状、白血病、糖尿病、艾滋病、心肌肥大和老年痴呆等常见疾病，更重要的是随着进一步研究发现，超过 50% 的人类 miRNA 被定位于与癌症相关的基因片断区域，其中包括乳腺癌、肺癌、直肠癌、皮肤癌、鼻咽癌、卵巢癌以及神经细胞癌等，最近研究也说明 miRNA 在药物作用后体内分子水平起到重要调节作用。综上所述，miRNA 在人类疾病的诊断、治疗、预后以及评估疗效方面扮演者重要角色。

miRNA 生成加工机制（图 6-2）：首先 pri-miRNAs 在核内通过 Rnase Ⅲ 核酸酶 Drosha 加工成 pre-miRNAs，然后在 Exportin-5 的协助下从核内输出。pre-miRNAs 长度为 60-90nt，二级结构呈茎环组成的发夹结构，在细胞质中核酸酶 Ⅲ Dicer 作用下，从 pre-miRNA 的发夹茎上剪切下 miRNA：miRNA* 双链体，然后 Dicer 单独或者在酶 Drosha 帮助下，将 miRNA：miRNA* 双链体劈开，来自该双链的成熟 miRNA 掺入沉默复合物，进而发挥其生物学功能，而 miRNA* 序列则衰退。带有 miRISC 功能的成熟 miRNAs 通过部分碱基配对来预测靶 mRNAs 和衰退产物 miRNA*，在某种情况下，miRNA 和 miRNA* 都行使功能。

miRNA 通过与靶基因 mRNA 序列互补实现对其调控作用。miRNA 对 mRNA 转录后调控主要有两种方式：①通过 RNA 介导，与靶基因 mRNA 几乎完全互补方式结合，从而引发基因沉默；②miRNA 以不完全互补配对方式与 mRNA 序列互补，对靶基因 mRNA 起到翻译抑制作用。miRNA 与靶基因作用的方式在动物和植物中截然不同。通常，第一种方式发生在植物中，而在动物体中更多的是第二种方式。miRNA 对 mRNA 调控机制如图 6-3 所示。

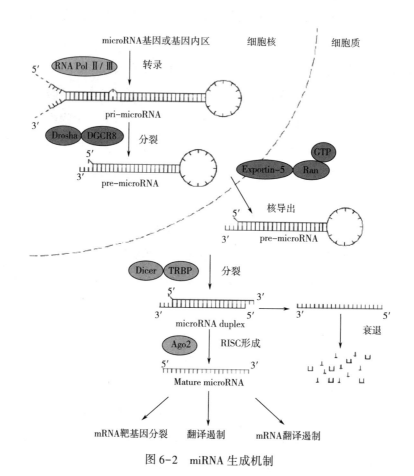

图 6-2　miRNA 生成机制

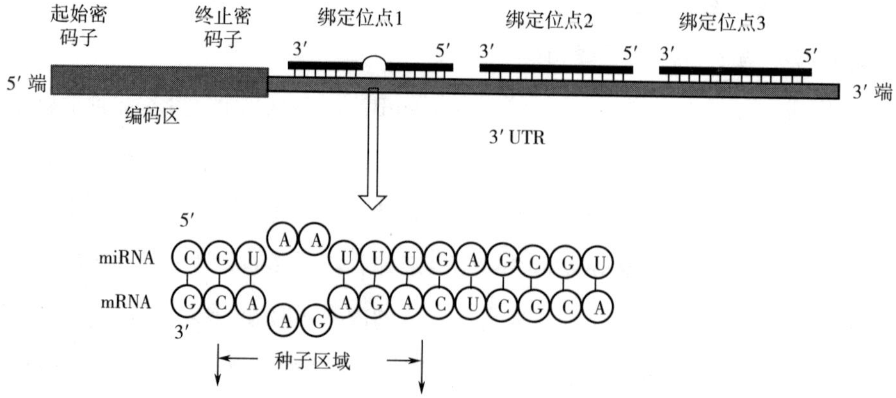

图 6-3　miRNA 对 mRNA 调控机制

miRNA 作为非编码 RNA，在药物多组学研究中占有重要角色，是疾病治疗和药物治疗重要生物标志物，一滴血就可以诊断疾病和分析药物疗效。通过 miRNA 表达水平差异分析药物安全，实现个性化精准治疗。以 miRNA 为生物标志物的药物基因识别已经成为药物研究热点之一（表 6-1）。

表 6-1　miRNA 相关数据库

软件名		网址
miRNA 数据库	MiRBase	http：//www. mirbase. org/index. shtml
miRNA 药物基因组学数据库	Pharmaco-miR	http：//www. pharmaco-mir. org/home
miRNA 靶基因预测软件	Targetscan	http：//www. targetscan. org/
	miRanda	http：//www. microrna. org/microrna/home. do
	PicTar	http：//www. pictar. org/
	miRTarBase	http：//mirtarbase. mbc. nctu. edu. tw/
	miRDB	http：//mirdb. org/miRDB/
miRNA-靶基因数据库	TarBase	http：//microrna. gr/tarbase/
	miRTarBase	http：//mirtarbase. mbc. nctu. edu. tw/
	miRecords	http：//mirecords. biolead. org/index. php

（2）生物网络。

生命活动是一个多系统协调的过程，单一地研究某一方向无法诠释全部生物活动。在过去的几十年，研究较多的生物网络主要有基因调控网、蛋白质相互作用网、细胞信号传导网、代谢网、遗传或小分子互作网和蛋白质磷酸化网等，这些生物网络被认为是主要调控系统。这里主要介绍常用的生物网络数据库（表 6-2）。

表 6-2　生物网络数据资源

软件名		网址
蛋白质网络	HPRD	http：//www. hprd. org
	BioGRID	http：//thebiogrid. org
	STRING	http：//string-db. org
	iRefWeb	http：//wodaklab. org/iRefWeb/　（ftp：//ftp. no. embnet. org/irefindex/data）
	MINT	http：//mint. bio. uniroma2. it/mint/
	IntAct	http：//www. ebi. ac. uk/intact
	PINA	http：//cbg. garvan. unsw. edu. au/pina/
	PhosphoSitePlus	http：//www. phosphosite. org/
	Phospho. ELM	http：//phospho. elm. eu. org
	PTMcode	http：//ptmcode. embl. de

续表

	软件名	网址
蛋白质网络	Interactome3D	http：//interactome3d. irbbarcelona. org
	3did	https：//3did. irbbarcelona. org/
	Instruct	http：//instruct. yulab. org
	KEGG	http：//www. genome. jp/kegg/
通路注释或功能富集数据库	WikiPathways	http：//www. wikipathways. org/
	Reactome	http：//www. pathwaycommons. org/
	PID	http：//pid. nci. nih. gov
	Pathway Common	http：//pid. nci. nih. gov
	Go	http：//geneontology. org/

蛋白质互作网络隶属于蛋白质组学，是由单独蛋白通过彼此之间的相互作用构成，来参与生物信号传递、基因表达调节、能量和物质代谢及细胞周期调控等生命过程的各个环节。该网络系统分析大量蛋白在生物系统中的相互作用关系，对于了解生物系统中蛋白质的工作原理、了解疾病等特殊生理状态下生物信号和能量物质代谢的反应机制，以及了解蛋白之间的功能联系都有重要意义。蛋白质互作网络已成为蛋白质组学研究中的热点，也是后基因时代难题所在。蛋白质相互作用网络常用数据库如 HPRD 以可视方式描绘和整合蛋白质组中每种蛋白质的域结构、翻译后修饰、相互作用网络和疾病关联有关的信息。BioGRID 包含了 76687 个出版物、2045743 个蛋白质和遗传相互作用、29093 间化学相互作用和 1070825 个的主要模式生物物种翻译后修饰。STRING 包含蛋白质-蛋白质相互作用网络功能富集分析，包含了 5090 个有机体、2460 万种蛋白质和 20 亿种蛋白质的相互作用。iRefWeb 包含与疾病有关的蛋白质和基因，还有它们之间相互作用的信息。MINT 涵盖了 607 个物种，共 117001 个蛋白相互作用关系。IntAct 是分子相互作用小组产生分子相互作用证据的数据库。PINA 是对肿瘤相关疾病进行相互作用和验证的数据库，是整合了多个数据的结果来进行构建的。PhosphoSitePlus 是翻译后修饰数据库，包含了 30 多万蛋白翻译后修饰位点信息，以及 25000 多 PTMVars（PTMs Impacted by Variants）信息。Phospho. ELM 是真核蛋白中经过实验验证的磷酸化位点的数据库，包含 556 个磷酸化蛋白的 1703 个磷酸化位点实例。PTMcode 是相互作用的蛋白质内和相互作用的蛋白质之间的蛋白质翻译后修饰（PTM）的已知和预测的功能关联的资源，它包含来自 69 种不同 PTM 类型的 316546 个修饰位点，这些位点涉及 19 种不同的真核生物，共 160 万个位点和 1700 万个功能性关联，超过 100000 种蛋白质。Interactome3D 是用于蛋白质-蛋白质相互作用网络的结构注释的 Web 服务，可根据结果信息预测生物的一组蛋白质或相互作用组的相互作用。3did 是用于高分辨率三维结构模板的集合域的域相互作用，包含用于两个球状结构域之间相互作

用的模板以及新颖的结构域–肽相互作用的模板。Instruct 是 3D 结构分辨率的高质量蛋白质相互作用组网络的数据库，收录了 6585 个人、644 个拟南芥、120 只秀丽线虫、166 只黑腹果蝇、119 只小家鼠、1273 个酿酒酵母和 37 个 pombe 结构解析的相互作用。

通路注释或功能富集数据库如 KEGG 是一个数据库资源，用于从分子水平的信息（尤其是通过基因组测序和其他高通量生成的大规模分子数据集）中了解生物系统（如细胞、生物体和生态系统）的高级功能和实用性实验技术。WikiPathways 是涵盖主要基因、蛋白质和小分子系统的集成数据库，还包括了典型的信号传导途径可以代表受体结合事件、蛋白质复合物、磷酸化反应、易位和转录调控。Reactome 是开放的信号和代谢分子及其组织成生物途径和过程关系的开源关系数据库。其中参与反应的实体（核酸、蛋白质、复合物、疫苗、抗癌治疗剂和小分子）形成生物相互作用网络，并分为通路。Pathway Common 有 5772 条通路、2424055 次相互作用和 22 个数据库。Go 表示了我们当前有关从人类到细菌的许多不同生物体的基因功能，即基因产生的蛋白质和非编码 RNA 分子的科学知识。

6.2　药物代谢和药物基因

人类基因的不同表达会导致个体的药物代谢与药效产生差异。一些基因的变异会导致药物代谢过快或过慢，进而影响药物在体内的浓度和药效。通过对这些影响药物代谢与药效的基因进行识别，可以为临床医师提供精准的药物用药方案，个体化地制订用药方案，避免不必要的药物不良反应和治疗失败。药物代谢和药效相关基因是近年来备受关注的研究领域之一。本节从药物代谢和药效基因、药物代谢酶作用和基因检测三个方面介绍。

（1）药物代谢和药物基因。

药物进入体内需要经过吸收、分布、代谢、排泄等一系列复杂的过程。药物代谢和药物基因是指一些与药物使用时代谢和药物效果相关的基因，这些基因编码的蛋白质参与药物代谢和对药物产生效应的调控过程，这些基因是影响个体对药物反应性和个体化药物治疗效果的重要因素。参与药物作用的关键因子本质都是蛋白质，蛋白质又是受基因，比如 miRNA 调控。所以，基因表达水平改变会导致合成的蛋白质改变，使其不能正常的发挥作用，从而影响药物的作用效果。药物疗效问题面临耐药严重、药物不良反应评估不全面及个性化用药带来的挑战。由此，药物基因识别成为当前的重要研究课题之一。

药物基因识别从复杂系统的整体网络水平，利用分子生物学技术和人工智能技术评估患者用药后基因表达水平变化进而识别患者与药物相关的基因，即人的药物代谢基因、药物应答（药效）基因、药物副反应相关基因，明确不同人群的基因差异，预测患者对不同药物的应答情况和不良反应程度。它属于精准治疗的范畴，打破了传统的试药模式，能更科学地辅助医生为患者选择最适合的药物。

网络水平是以生物网络之间相互作用或相互关系为研究基础，其中，尤为重要的是蛋白质相互作用网络。蛋白质之间相互作用是生物过程的内在特性，蛋白质相互作用网络解释了基本的细胞机制。蛋白质网络能描绘和整合蛋白质组中域结构、翻译后修改、相互作用网络和疾病相关的每一个蛋白。表达谱描绘了特定细胞或组织在特定状态下的基因表达种类和丰度信息，动态地诠释了基因的功能、状态和环境等信息。它整合了蛋白质网络和基因表达谱来挖掘多种疾病相关的细胞机制。miRNA 在转录后水平上调控靶基因 mRNA，蛋白质从 mRNA 模板通过高度保守的过程进行合成，所以 miRNA 调控着蛋白质编码基因，据估计，miRNA 调控人类基因组中超过三分之一的蛋白质基因。蛋白质相互作用网络结合基因表达谱能够识别基因间特殊关联，进而识别生物通路相关关键基因和功能模块。进一步整合 miRNA 表达谱诠释 miRNA 表达改变与它靶向靶基因之间的关联，故而大量研究也表明，miRNA 的功能能够通过解析 miRNA 调控的蛋白质网络发掘。近年来，随着高通量测序技术的发展，多组学数据呈爆炸性增长，尤其是 miRNA 组学、蛋白质组学、基因组学与代谢组学，为基于数据挖掘全面了解药物学提供了坚实的数据基础。生物网络模型历经十多年的发展，成为多组学数据挖掘新方法的重要分支，有望从网络水平在药物疗效上产生新突破，助力发现药物作用新靶标和新治疗策略的研究。

（2）药物代谢酶。

药物用药指导基因检测通常包括检测与药物代谢和药效相关的酶：如细胞色素 P450（cytochromeP450 或 CYP450，简称 CYP450）家族基因、UGT 家族基因、GST 家族基因、ABCB 家族基因、SLCO 家族基因等。这些酶主要存在于肝脏、小肠、脑和肺等组织中，参与药物代谢、转化、消除以及药物效果调控等过程，调节机体对药物反应。通过基因检测可以了解患者体内的药物代谢能力和细胞对药物作用的敏感程度，从而在用药时针对性地进行用药调整，提高治疗效果和减少药物不良反应。下面对 CYP450 家族基因重点介绍。

CYP450 代表着一个很大的可自身氧化的亚铁血红素蛋白家族，属于单氧酶的一类，因其在 450nm 有特异吸收峰而得名。它参与内源性物质和包括药物、环境化合物在内的外源性物质的代谢。根据氨基酸序列的同源程度，其成员又依次分为家族、亚家族和酶个体三级。细胞色素 P450 酶系统可缩写为 CYP，其中家族以阿拉伯数字表示，亚家族以大写英文字母表示，酶个体以阿拉伯数字表示，如 CYP2D6、CYP2C19、CYP3A4 等。人类肝细胞色素 P450 酶系中至少有 9 种 P450 与药物代谢相关。肝脏的细胞色素 P450 系统在药物的代谢中起着重要作用，它将药物由疏水型转化为更易排泄的亲水型。生物转化反应一般可分为细胞色素 P450 依赖的 I 相和 II 相结合反应。

CYP1、2、3 家族约占总肝 P450 含量的 70%，并负责大多数药物的代谢。根据它们在肝脏的表达，CYP3A 约占总肝 P450 的 30%，CYP2 约占 20%，CYP1A2 占 13%，CYP2E1 占 7%，CYP2A6 占 4%，CYP2D6 占 2%。在大量的组织内，包括小肠、胰、脑、肺、肾上腺、肾、骨髓、肥大细胞、皮肤、卵巢及睾丸均发现有其他的肝细胞色素 P450。

已清楚药物的肝外代谢对体内药物总的降解起一定的作用。其中胃肠道内的生物转化是非常重要的，因为它可降低口服药物的生物利用度。遗传多态性、酶抑制、酶诱导及生理因素均可引起细胞色素 P450 活性的改变。这有一定的临床含意，因为这会引起药物药代动力学的改变，导致药物效能改变，如因代谢减少或毒性代谢物生成增多而增加药物毒性，以及导致药物的相互作用。

CYP450 酶是临床前药物代谢研究的重要对象，涉及药物代谢的 CYP450 主要为 CYP1、CYP2、CPY3 家族中的 7 种重要的亚型，其中，在 CYP1 家族中存在 CYP1A1、CYP1A2、CYP1B1 3 种亚型。CYP2 家族是 CYP450 酶系中最大的家族，包括 CYP2A、CYP2B、CYP2C、CYP2D、CYP2E 亚家族，其中 CYP2C9、CYP2C19、CYP2D6、CYP2E1 是其中主要的亚型，而对于 CYP2A、CYP2B 研究较少。CYP3 包括 CYP3A3、CYP3A4、CYP3A5 及 CYP3A7 共 4 种基因亚型，约占肝内 CYP450 总量的 28.8%，是参与口服药物首过效应的重要酶系，研究主要集中在 CYP3A1、CYP3A4 亚型。

（3）基因检测。

近年来，随着基因检测技术发展，为了能更好地了解患者用药后的效果，人们采用基因检测技术分析和预测标志物基因。基因检测技术是个体化用药的一个方向和手段，基于个体差异定制个性化治疗方案，可实现药物治疗最佳效果。

常见的基因检测技术主要有全基因组测序、重组荧光免疫分析、聚合酶链式反应、基因扩增技术、定点突变和基因表达分析等。全基因组测序（Whole Genome Sequencing，WGS）是一种新型的高通量、高灵敏度检测技术，可以扩展识别每一条染色体上的基因及其不同变体，也同时包括对保守普遍存在的 DNA 序列（如同源基因簇）重复序列（中心、变异类型等）进行识别。重组荧光免疫分析（Multiplex Fluorescence Immunoassay，MFI）是一种基因芯片技术，联用荧光定量技术，通过特定的抗体模板进行靶向检测，可在一份样品中同时检测出多个基因片段，用于筛查、诊断及预防各种遗传性疾病。聚合酶链式反应（Polymerase Chain Reaction，PCR）可以模拟生物体在分子水平上进行基因复制，配合荧光探针或 DNA 杂交，以增强基因特异性标记及定量，以用于基因表达、定点突变检测、等位基因的判定等。PCR 多用于基因或全基因组定点突变检测，以及用于无水合成 DNA、增广和基因重组等。基因扩增技术（Polymerase Chain Reaction Amplification，PCRA）是一种常用的计算机大规模基因扩增检测技术，通过专用扩增模式，克隆指定基因长度中包含单一序列的 DNA 链段，一般用于检测生物样本中特征基因或某一基因序列及其变异。下面对全基因组测序的高通量技术重点介绍。

高通量测序技术是对传统测序一次革命性的改变，它一次对几十万到几百万条 DNA 分子进行序列测定，使对一个物种的转录组和基因组进行细致全貌的分析成为可能，所以又被称为深度测序（deep sequencing）。现在仍有大量先进平台被研发，它们共同的特点是极高的测序通量，相对于传统测序的 96 道毛细管测序，高通量测序一次实验可以读取 40 万~400 万条序列。读取长度根据平台不同为 25~450bp，不同的测序平台在一次实验中，可以读取 1~14G 不等的碱基数，这样庞大的测序能力是传统测序仪所不能比拟的。高通量测序技术已在全基因组 mRNA 表达谱、microRNA 表达谱、ChIP-chip 以及 DNA 甲基化等方面应用。2008年 Mortazavi 等人对小鼠的大脑、肝脏和骨骼肌进行了 RNA 深度测序，这项工作展示了深度测序在转录组研究上的两大进展，即表达计数和序列分析。高通量测序另一个被广泛应用的领域是小分子 RNA 或非编码 RNA（ncRNA）研究。测序方法能轻易的解决芯片技术在检测小分子时遇到的技术难题（短序列、高度同源），而且小分子 RNA 的短序列正好配合了高通量测序的长度，使数据"不浪费"，同时测序方法还能在实验中发现新的小分子 RNA。

6.3　人工智能算法及生物软件

（1）模拟退火。

模拟退火算法（Simulated Annealing，SA）最早的思想是由 N. Metropolis 等人于 1953年提出。1983 年 S. Kirkpatrick 等成功地将退火思想引入组合优化领域。它是基于 Monte-Carlo 迭代求解策略的一种随机寻优算法，其出发点是基于物理中固体物质的退火过程与一般组合优化问题之间的相似性。模拟退火算法从某一较高初温出发，伴随温度参数的不断下降，结合概率突跳特性在解空间中随机寻找目标函数的全局最优解，即在局部最优解能概率性地跳出并最终趋于全局最优。模拟退火算法是一种通用的优化算法，理论上算法具有概率的全局优化性能，目前已在工程中得到了广泛应用，诸如 VLSI、生产调度、控制工程、机器学习、神经网络、信号处理等领域。

模拟退火算法来源于固体退火原理，是一种基于概率的算法。固体退火即将固体加温至充分高，再让其徐徐冷却，加温时，固体内部粒子随温升变为无序状，内能增大，而徐徐冷却时粒子渐趋有序，在每个温度都达到平衡态，最后在常温时达到基态，内能减为最小。模拟退火算法是通过赋予搜索过程一种时变且最终趋于零的概率突跳性，从而可有效避免陷入局部极小并最终趋于全局最优的串行结构的优化算法。

模拟退火算法过程如下：

1）随机挑选一个单元 K，并给它一个随机的唯一，求出系统因此产生的能量变

化 ΔE_K。

2）若 $\Delta E_K \leqslant 0$，该位移可采纳，而变化后系统状态可作为下次变化的起点。

若 $\Delta E_K > 0$，若位移后的状态可采纳的概率见式（6-1）。

$$P_K = \frac{1}{1 + e^{\frac{-\Delta E_K}{T}}} \tag{6-1}$$

式中，T 为温度，然后从（0，1）区间均匀分布的随机数中挑选一个数 R，若 $R < P_K$，则变化后的状态作为下次的起点；否则，将变化前的状态作为下次的起点。

3）转第（1）步继续执行，直到达到平衡状态为止。

（2）线性规划。

线性规划法 Linear Programming（LP 问题）就是在线性等式或不等式的约束条件下，求解线性目标函数的最大值或最小值的方法。其中目标函数是决策者要求达到目标的数学表达式，用一个极大或极小值表示。约束条件是指实现目标的能力资源和内部条件的限制因素，用一组等式或不等式来表示。目标函数和约束条件均为线性函数，故称为线性规划问题。

s. t. 约束条件，线性规划模型一般表达式写成式（6-2）、式（6-3）。

$$\max \text{（或 min）} z = c_1 x_1 + c_2 x_2 + \cdots + c_n x_n \tag{6-2}$$

$$\text{s. t.} \begin{cases} \boldsymbol{Ax} \leqslant \boldsymbol{b} \\ \boldsymbol{A}_{\text{eq}} \cdot \boldsymbol{x} = \boldsymbol{b}_{\text{eq}} \\ lb \leqslant \boldsymbol{x} \leqslant ub \end{cases} \tag{6-3}$$

其中，$\boldsymbol{c}$ 和 $\boldsymbol{x}$ 为 n 维列向量，$\boldsymbol{A}$、$\boldsymbol{A}_{\text{eq}}$ 为适当维数的矩阵，$\boldsymbol{b}$、$\boldsymbol{b}_{\text{eq}}$ 为适当维数的列向量。

一般线性规划问题（数学）标准型为见式（6-4）、式（6-5）。

$$\max z = c_1 x_1 + c_2 x_2 + \cdots + c_n x_n$$

$$\text{s. t.} \begin{cases} \sum_{j=1}^{n} a_{ij} x_j = b_i & i = 1, 2, \cdots, m \tag{6-4} \\ x_j \geqslant 0 & j = 1, 2, \cdots, n \tag{6-5} \end{cases}$$

可行解：满足约束条件的解。

最优解：使目标函数达到最大值的可行解为最优解。

最优域：所有可行解构成的集合成为问题的可行域。

（3）基因模块识别软件。

为了识别利福平相关功能模块，我们采用基于模拟退火和线性规划算法的两个软件 jActiveModules 和 BioNet。

BioNet 是基于线性规划算法的功能模块提取方法，它是一个 bioconductor 的软件包，基于测序数据的基因表达水平进行网络功能分析。

jActiveModules 软件是 cytoscape 的一个插件，用于识别功能模块。jActiveModules 是采用模拟退火算法的功能子网提取方法，它的特点是可以设置搜索深度、网络结点重复率和选取的模块数量。

（4）DAVID。

生物分析工具 DAVID（Database for Annotation, Visualization, and Integrated Discovery）提供了大量基因的生物功能注释，我们主要采用其中的 GO（Gene Ontology）和 KEGG（Kyoto Encyclopedia of Genes and Genomes）两个资源。GO 分析能找出在统计上显著富集的功能分类，包含分子功能（Molecular Function）、生物过程（biological process）和细胞组成（cellular component）三个部分。

6.4　基因诱导的药物基因识别[1]

miRNA 通过调控蛋白质功能实现自身功能，蛋白质具有很多功能，比如组成并修护生物体、对生物体的调节机能、作为运输载体和能量供给等。蛋白质网络包含了蛋白质之间、蛋白质与 DNA 之间和蛋白质与 RNA 之间的物理互作、调节作用、遗传互作以及功能关联等关系。蛋白质互作能够改变蛋白质的功能，直接发生相互作用的蛋白质可能组成复合体参与同一生物过程或实现某一个特定功能。因为蛋白质网络包括了人体全部已知的蛋白互作，而基因表达谱代表了特定条件下特定细胞或组织表达种类和丰度信息，是 RNA 层面上特定条件下分子变化水平，所以将基因表达谱和蛋白质网络整合在一起，能够超越单一 RNA 水平，即在蛋白质组和基因组整体水平上，对复杂生物过程机制进一步挖掘。比如 Zhang 等人解析了冠心病相关关键基因和模块，发现两个关键基因与冠心病发展密切相关；Lin 等人研究扩张型心肌病相关的动态功能模块和共表达蛋白质相互作用网络。上述研究表明，整合蛋白质互作网络和基因表达谱有助于识别生物通路相关的功能模块和关键基因。目前对 miRNA 调控的蛋白质网络得到了广泛研究，但是部分研究只建立在 miRNA 和靶基因网络研究，没有结合资源丰富的蛋白质网络；还有一部分研究结合了蛋白质网络资源，但是只针对某一特定条件下 miRNA 调控网络研究，比如针对某一疾病或某一药物作用下的 miRNA 调控网络研究。而且，在研究 miRNA 调控蛋白质网络过程中，靶基因的预测假阳性高，导致构建的 miRNA 调控网络庞大，不利于功能分析，且假阳性影响功能预测准确率。

利福平是一种有效的抗菌药物，自从 1960 年问世以来被广泛用于治疗肺结核和其他

---

[1]　王颖. 成熟 microRNA 识别及其功能预测方法研究［D］. 哈尔滨工程大学，2016.

传染疾病，临床上用于减轻药效或增加药物性能。研究表明，利福平诱导 miRNA 表达量的改变来调控药物代谢酶、转运蛋白，比如，利福平改变药物代谢酶 P450（cytochrome P450 enzymes，CYPs）和 miRNA，重要的是研究表明，大量的药物代谢酶是这些 miRNA 调控的靶基因，例如 miR-27b 靶向 CYP1B1；体外研究表明，miR-148a 靶向 pregnane X receptor（PXR），而 PXR 是一种重要的 P450 基因表达的调控因子，并且持续下调 CYP3A4 药物代谢酶的表达；多 miRNA 靶向肝细胞核因子 1（hepatic nuclear factor 4α，HNF4A），而 HNF4A 是一种主要的多药物处置基因调控因子。虽然针对利福平作用于肝脏中调控药物代谢酶、转运蛋白和 miRNA 机制已经得到研究，但是都是从单一方面进行的，从全局上来说整合多组学、多资源的方式系统地研究利福平作用于肝脏后行使功能的关键基因和 miRNA 功能的研究还很少。

针对上述问题，人们设计了一套整合蛋白质网络疾病和药物相关生物标志物挖掘方法，该方法整合基因组和蛋白质组学，提出基于蛋白质网络的标志物挖掘方法研究，在对疾病和药物作用相关研究中，有助于发现重要生物通路和相关分子机制研究，能够广泛地应用于药物作用后以 miRNA 和基因为主分子标志物的挖掘。另外，本节采用基于模拟退火和线性规划两种方法的 miRNA 调控蛋白质网络的功能模块识别方法，进而结合了基因表达谱基因水平变化数据，来减少了 miRNA 在基因预测中假阳性高对功能分析的影响，有助于发现疾病和药物作用后 miRNA 调控的重要功能模块挖掘。本方法应用于利福平药物作用后人体肝脏相关 miRNA 和基因研究，能够识别一些列重要 miRNA 和基因等分子标志物和重要生物通路，为利福平作用后人体肝脏分子机制研究作出重要探索性研究。

（1）数据和方法。

数据集主要包括四部分数据：基因表达谱数据、miRNA 表达谱数据、蛋白质互作用网络、人类肝脏蛋白质网络。

数据一和数据二均来自于人类肝脏组织。肝脏组织来自七个捐献者，每一个经过生物复制，所有体外研究都控制在肝脏组织分离后 72~120h，肝脏组织经过 24h 的利福平（10um）处理，同时配以 0.01% 的甲醇。基因表达谱数据包括 12780 个基因的表达水平。miRNA 表达谱数据包括 334 个 miRNA 的表达水平。基因表达谱的数据处理采用标准过程：EZBead 准备、下一代基因测序、基因短序列评估、序列比对。miRNA 表达谱数据获取采用实时荧光定量 PCR 分析系统（Taqman OpenArray）完成。本文中使用的完整的 RNA-seq 数据可以从 GEO 数据库下载，号码：GSE79933；完整的 miRNA OpenArray 数据下载地址为 http：//compbio.iupui.edu/group/6/pages/rifampin。

数据三，即蛋白质互作用网络下载自人类蛋白质参考数据库（Human Protein Reference Database，HPRD）。HPRD 描述信息对人类蛋白质功能包括蛋白质-蛋白质之间的关系、转录后修饰、酶和酶作用物关系和疾病的关联。蛋白质注释信息从人工搜集的生物学家和专家对蛋白质序列生物分析发表的论文中获取。HPRD 已经收集了超过 38000 条高可信度的人类蛋白质交互数据，HPRD 构建的人类蛋白质相互作用网络来自实验验证的蛋白质交互和亚细胞定位数据。

数据四为人类肝脏蛋白质相互作用网络（human liver protein interaction network，HLPN），包含人类肝脏相关的蛋白质组相互作用映射。该网络包含了维护肝脏功能的关键所在，富集丰富的代谢酶和肝脏特异性、肝脏表型和肝病包含的 2582 个蛋白质和 3484 个它们之间涉及人类肝脏相关的系统生物学、疾病研究和药物发现等领域的相互作用关联关系。

1）整合多组学的 miRNA 功能识别方法。

整合多组学的 miRNA 功能识别方法原理如图 6-4 所示。

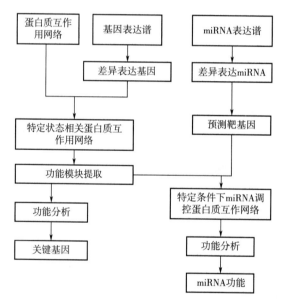

图 6-4　整合多组学 miRNA 功能识别方法

为了挖掘 miRNA 的功能，我们提出了 miRFun_omi 方法，它是建立在蛋白质网络、基因表达数据和 miRNA 表达数据基础上的，该方法的大体流程归纳为：

第一步，通过基因表达谱分析差异表达基因。这里我们采用正常组织和特殊状态组织进行 t 检验。t 检验是较常用的统计方法，设某一基因正常条件下和特定条件下表达水平均值为 $\bar{x}_1$ 和 $\bar{x}_2$，n_1 和 n_2 为两种条件下样本的数量，σ_{x1}^2 和 σ_{x2}^2 为两个样本的方差，则 t 值的计算见式（6-6）。

$$t = \frac{\bar{x}_1 - \bar{x}_2}{\sqrt{\dfrac{\sigma_{x1}^2}{n_1} + \dfrac{\sigma_{x2}^2}{n_2}}} \tag{6-6}$$

根据 t 值计算 P 值，然后设定阈值，选定差异表达基因。

第二步，构建特殊状态下的蛋白质网络。设差异表达基因 $\mathbf{S}_{\text{gene}} = \{g_1, g_2, \cdots, g_i\}$，$i$ 为差异表达基因个数；蛋白质互作用网定义为 $\mathbf{G} = (\mathbf{V}, \mathbf{E})$，$\mathbf{V}$ 为结点，$\mathbf{E}$ 为相互作用关系，定义为结点蛋白质 $\mathbf{V} = \{v_1, v_2, \cdots, v_i\}$，$i$ 为蛋白质结点个数；$\mathbf{E} = \{e_1, e_2, \cdots e_t\}$，$t$ 为蛋白质网络相互作用关系数，则特定状态相关蛋白质互作网络为 $\mathbf{G}_S = (\mathbf{V}_S, \mathbf{E}_S)$ 结点和相互作用关系定义见式（6-7）、式（6-8）。

$$\mathbf{V}_S = \mathbf{V} \cap \mathbf{S}_{\text{gene}} \tag{6-7}$$

$$\mathbf{E}_S = \{e_1, e_2, \cdots, e_p\}, \ \mathbf{E}_S\mathbf{E} \text{且} \mathbf{V}_S\mathbf{V} \tag{6-8}$$

第三步，特定状态下蛋白质网络的功能模块提取。我们构建的特殊状态下相关蛋白质网络需要考察的基因比较多，更重要的是，这些基因之间的相互关系也需要考察。功能模块是指在特定条件和正常条件下，蛋白质网络中总体表达量显著差异的子网，且子网内的蛋白质结点在网络中密切连接。这些功能模块整合了基因表达量水平和蛋白质相互作用信息，在系统分析生命过程中，能够发现发生明显变化的关键通路。这一部分我们尝试了两种算法，分别为采用模拟退火算法和线性规划算法的功能模块识别，定义基于功能模块的差异表达分数见式（6-9）。

$$Z_A = \frac{1}{K} \sum_{i \in A} z_i \tag{6-9}$$

在定义的功能模块打分函数基础上，对所有表达基因都考虑，不用重点考察差异表达基因，这种方法对子网规模不易控制，所以我们分别考察了两种算法。

第四步，功能模块的富集分析。对功能模块中的基因进行功能富集分析，通过借助生物信息已知数据和分析工具，采用统计分析方法，挖掘相同分子谱数据具有显著相关的生物功能及参与生物通路。

第五步，通过 miRNA 表达谱分析差异表达 miRNA。这里我们同样采用正常组织和特殊状态组织进行 t 检验。对差异表达 miRNA 进行靶基因预测，采用阈值设置和多靶基因预测软件结果取交集的方法降低预测结果的假阳性问题。

第六步，构建 miRNA 调控的特定状态蛋白质网络（miRNA-regulated-PIN）$\mathbf{G}_{\text{mir-PIN}} = (\mathbf{V}_{\text{mir-PIN}}, \mathbf{E}_{\text{mir-PIN}})$。设 miRNA 靶基因为 $\mathbf{G}_{\text{target}}$，则 miRNA-regulated-PIN 的网络结点定义见式（6-10）。

$$\mathbf{V}_{\text{mir-PIN}} = \mathbf{G}_{\text{target}} \cap \mathbf{V}_S \tag{6-10}$$

miRNA-regulated-PIN 的网络结点定义见式（6-11）。

$$\mathbf{E}_{\text{mir-PIN}} = \{e_1, e_2, \cdots, e_k\}, \ \mathbf{E}_{\text{mir-PIN}}\mathbf{E}_S\mathbf{E} \text{且} \mathbf{V}_{\text{mir-PIN}}\mathbf{V}_S\mathbf{V} \tag{6-11}$$

第七步，通过对 miRNA-regulated-PIN 的结点基因进行功能富集分析，进一步识别

miRNA 的相关功能。

2）利福平作用于肝脏 miRNA 功能分析。

基于 miRFun_omi 方法的利福平作用于肝脏 miRNA 功能分析流程见图 6-5。

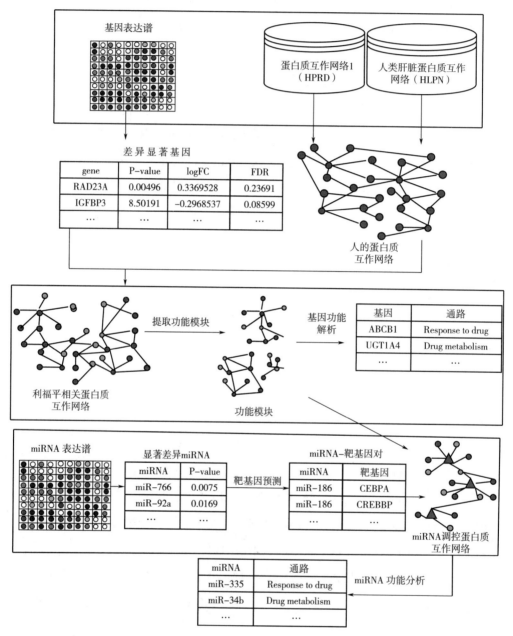

图 6-5　基于 miRFun_omi 方法的利福平作用于肝脏 miRNA 功能分析流程

3）构建利福平相关的蛋白质互作网络。

首先，设蛋白质互作网络 1（HPRD）$\mathbf{G}_{HPRD} = (\mathbf{V}_{HPRD}, \mathbf{E}_{HPRD})$ 和人类肝脏蛋白质网络 2（HLPN）$\mathbf{G}_{HLPN} = (\mathbf{V}_{HLPN}, \mathbf{E}_{HLPN})$，人类蛋白质互作网络 $\mathbf{G}_{HPIN} = (\mathbf{V}_{HPIN}, \mathbf{E}_{HPIN})$ 定义

见式（6-12）、式（6-13）。

$$\mathbf{V}_{\mathrm{HPIN}} = \mathbf{V}_{\mathrm{HPRD}} \cup \mathbf{V}_{\mathrm{HLPN}} \tag{6-12}$$

$$\mathbf{E}_{\mathrm{HPIN}} = \mathbf{E}_{\mathrm{HPRD}} \cup \mathbf{E}_{\mathrm{HLPN}} \tag{6-13}$$

其中，$\mathbf{E}_{\mathrm{HPIN}}\mathbf{E}_{\mathrm{HPRD}}$ 且 $\mathbf{E}_{\mathrm{HPIN}}\mathbf{E}_{\mathrm{HLPN}}$，或 $\mathbf{E}_{\mathrm{HPIN}}\mathbf{E}_{\mathrm{HLPN}}$ 且 $\mathbf{E}_{\mathrm{HPIN}}\mathbf{E}_{\mathrm{HPRD}}$。

其次，基因表达谱采用 t 检验分析基因显著性分析，选取 $p < 0.05$ 为阈值，提取差异显著基因。

最后，根据利福平作用肝脏的差异显著基因和人类蛋白质互作网络构建利福平相关蛋白质互作网络。

4）识别利福平相关功能模块。

我们采用基于模拟退火和线性规划算法的两个软件 jActiveModules 和 BioNet 识别利福平相关功能模块。

BioNet 识别最大子网的流程为：首先，加载输入数据，包含结点、结点属性文件和蛋白质网络；其次，获得结点属性中的结点 P 值，如果有多 P 值的，通过函数 aggrPvals（pvals，order=1，plot=FALSE）合并 P 值；再次，根据 P 值给每个结点打分，打分函数为 scoreNodes（network，fb，fdr），其中，FDR 是控制模块大小的的阈值，是调节信号噪声分解的一个阈值，这里我们分别设定 FDR 为 0.01、0.001 和 0.0001 来选定功能模块规模；最后，根据打分采用子网识别函数 runFastHeinz（network，scores）生成最大子网，并通过函数 plotModule（module，scores=scores，diff. expr=logFC）显示子网，其中 logFC 为倍数变化（Fold change），它是样本处理前后表达值之间的比值，其中，正值表示表达水平上调，负值表示表达水平下调。

为了避免偏私，使我们的结果根据有一般性，实现多个模块的提取，我们同时采用了 jActiveModules 软件。jActiveModules 是采用模拟退火算法的功能子网提取方法，它的特点是可以设置搜索深度、网络结点重复率和选取的模块数量。在这里，我们设置搜索深度为 2，网络结点重复率为 10%，选取模块数量为 5 个模块。

5）功能模块的富集分析。

根据我们的样本和研究目的，我们主要考查了包含"代谢"和"药"相关的 GO 条目。KEGG 则提供了关键的生物通路，它把基因及表达信息作为一个整体网络进行研究，包括细胞生化过程如代谢、膜转运、信号传递、细胞周期，以及同系保守的了通路等信息；另外还包含关于化学物质、酶分子、酶反应等信息。我们的数据根据 KEGG 分析结果，按照评估其参加各生物过程的 P 值进行排序，考察排名靠前的功能通路。

6）差异显著 miRNA 识别及功能分析。

差异显著 miRNA 识别及功能分析分为几步：首先，miRNA 表达谱采用 t 检验分析基因显著性分析，选取 $p<0.05$ 为阈值，提取差异显著基因；其次，对这些差异表达基因预测靶基因，为了降低靶基因预测存在的假阳性，我们采用了 Targetscan，miRanda，PicTar 和 miRTarBase 几种靶基因预测软件，为了去除靶基因预测软件中存在的假阳性问题，Targetscan 采用的 P 值阈值为 0.05，miRanda 的 P 值阈值为 0.01，PicTar 假阳性较低，不设置阈值，将它们的识别结果取交集。在靶基因预测前，我们需要将基因号转换为基因符号进行转换，这里我们采用 BiomaRt 库，BiomaRt 提供了基因注释数据的广泛查询服务，参考数据库为 hsapiens_gene_ensembl database；再次，miRNA 的靶基因与功能模块中结点取交集，并保留他们之间的相互作用关系，构建利福平相关的 miRNA 调控的蛋白质互作网；最后，对每一 miRNA 调控的靶基因采用 GO 和 KEGG 进行功能分析，进而分析 miRNA 的潜在功能。

（2）数据分析方法。

1）利福平作用于肝脏相关蛋白质网络（图6-6）。

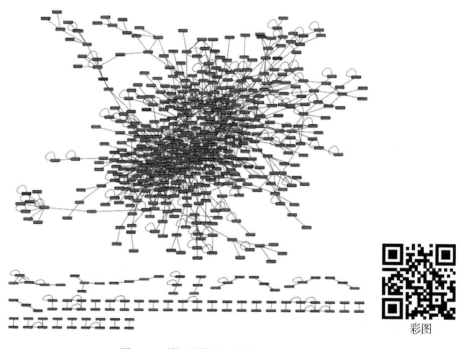

彩图

图 6-6　利福平作用于肝脏相关蛋白质网络

注　颜色代表变化倍数（logFC），红色代表上调基因，绿色代表下调基因，颜色的深浅代表差异显著程度的变化，颜色越深，差异显著程度越大。

2）功能模块的提取结果及分析。

为了提取网络中紧密互连的差异表达显著的功能模块，我们选用的软件是 jActiveModules 和 BioNet。采用 BioNet 构建的最大功能子网包含 84 个基因和 89 个相互作用关系，为了取得更多的模块，我们采用 jActiveModules 识别功能模块，设置选取模块个数为 5 个，识别深度 2，模块间结点重复率为 0，结果识别了 5 个包含 31 个结点和 36 个相互作用关系的子网。正如我们预料的一样，两种算法识别结果是一致的，其中 jActiveModules 的结果与 BioNet 结果重复率达到 92%。基于 BioNet 和 jActiveModules 利福平调控的蛋白质网络功能模块见图 6-7。

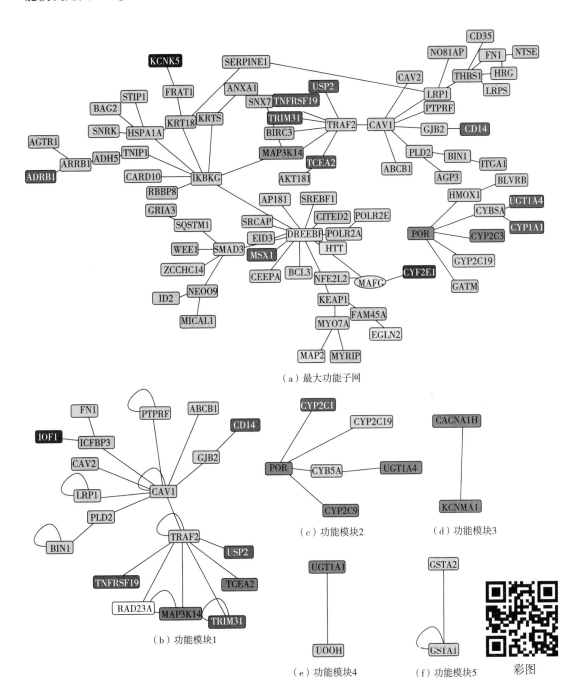

图 6-7　基于 BioNet 和 jActiveModules 利福平调控的蛋白质网络功能模块

注　颜色代表变化倍数（log FC），红色代表表达水平上调，绿色代表表达水平下调；颜色的深浅代表差异显著程度的变化，颜色越深，差异显著程度越大；结点形状代表结点分数，圆形代表分数为负值，方形代表分数为正值。

最大功能模块的 84 个结点基因的 P 值（P-value）、基因表达水平变化倍数（logFC）和错误发现率（false discovery rates，FDR）见表 6-3。

表 6-3 最大功能模块的 84 个结点基因

基因名称	logFC	P 值	FDR	得分
ABCB1	0.781842	$6.63E^{-18}$	$9.01E^{-16}$	29.31959
ADH6	−0.51482	$2.66E^{-08}$	$1.15E^{-06}$	8.637564
ADRB1	1.627262	$1.36E^{-10}$	$8.09E^{-09}$	13.57225
AGTR1	−0.5116	$4.17E^{-06}$	0.000105	3.909815
AKT1S1	0.487082	0.000182	0.002771	0.378282
ANXA1	−0.45524	0.000203	0.003036	0.276354
AP1B1	0.444063	$9.51E^{-06}$	0.000215	3.138723
AQP3	−0.42789	$2.71E^{-05}$	0.000541	2.15928
ARRB1	0.577594	$5.12E^{-05}$	0.000942	1.564233
BAG2	0.471139	$2.99E^{-06}$	$8.03E^{-05}$	4.220938
BCL3	0.864843	$2.21E^{-05}$	0.000451	2.350041
BIN1	0.822391	$3.95E^{-13}$	$3.30E^{-11}$	19.03586
BIRC3	−0.41185	$4.74E^{-06}$	0.000117	3.789983
BLVRB	0.464232	0.000166	0.002569	0.462701
CARD10	0.516718	$1.84E^{-05}$	0.000382	2.521415
CAV1	−0.8518	$8.32E^{-19}$	$1.21E^{-16}$	31.26084
CAV2	−0.5386	$8.37E^{-09}$	$3.87E^{-07}$	9.719018
CD14	1.630916	$5.96E^{-59}$	$2.93E^{-56}$	117.7177
CD36	−0.89744	0.000206	0.003064	0.26224
CEBPA	0.581282	$2.61E^{-08}$	$1.13E^{-06}$	8.655312
CITED2	−0.39253	$2.61E^{-05}$	0.000525	2.194446
CREBBP	0.382177	0.000984	0.010843	−1.20069
CYB5A	0.707906	$2.85E^{-15}$	$2.94E^{-13}$	23.64839
CYP1A1	1.26928	$6.96E^{-28}$	$1.44E^{-25}$	50.81038
CYP2C19	0.794506	$1.86E^{-17}$	$2.45E^{-15}$	28.35477
CYP2C9	1.012758	$2.50E^{-29}$	$5.61E^{-27}$	53.92165
CYP2E1	−1.43406	$1.89E^{-52}$	$8.03E^{-50}$	103.7166
EGLN2	0.4574	0.000197	0.002969	0.303699

续表

基因名称	logFC	P 值	FDR	得分
EID3	0.78844	$1.21E^{-08}$	$5.51E^{-07}$	9.37431
FAM46A	−0.67256	$1.35E^{-12}$	$1.06E^{-10}$	17.8864
FN1	0.605011	$1.08E^{-11}$	$7.35E^{-10}$	15.94148
FRAT1	0.735218	$5.69E^{-07}$	$1.80E^{-05}$	5.77275
GATM	−0.59971	$1.48E^{-11}$	$9.89E^{-10}$	15.64678
GJB2	0.692627	$1.64E^{-12}$	$1.27E^{-10}$	17.70439
GRIA3	−0.43008	0.000146	0.002302	0.58515
HMOX1	0.712809	$3.01E^{-08}$	$1.28E^{-06}$	8.521947
HP	−0.60141	$1.40E^{-11}$	$9.45E^{-10}$	15.69876
HRG	0.418161	$1.13E^{-05}$	0.00025	2.977421
HSPA1A	0.382442	0.000202	0.003033	0.279522
HTT	0.373734	0.000105	0.001738	0.892547
ID2	−0.51691	$3.05E^{-08}$	$1.30E^{-06}$	8.509599
IKBKG	0.491087	0.000203	0.003036	0.275963
ITGA1	−0.37537	$4.96E^{-05}$	0.000917	1.593927
KCNK5	−1.13739	$5.50E^{-17}$	$6.82E^{-15}$	27.34074
KEAP1	0.582621	$3.75E^{-07}$	$1.24E^{-05}$	6.16273
KRT18	−0.36685	$5.45E^{-05}$	0.000998	1.505812
KRT8	−0.42013	$3.50E^{-06}$	$9.07E^{-05}$	4.073637
LRP1	0.635707	$7.49E^{-10}$	$3.99E^{-08}$	11.97654
LRP5	0.543532	$1.34E^{-05}$	0.000287	2.817996
MAFG	0.426676	0.000305	0.004215	−0.10428
MAP2	0.448175	0.000234	0.003404	0.143314
MAP3K14	0.963198	$2.11E^{-10}$	$1.22E^{-08}$	13.16146
MICAL1	−0.42479	0.000219	0.00322	0.205678
MSX1	1.58731	$2.87E^{-07}$	$9.80E^{-06}$	6.412872
MYO7A	0.750208	$7.15E^{-12}$	$4.91E^{-10}$	16.32723
MYRIP	−0.57456	$5.56E^{-07}$	$1.77E^{-05}$	5.794367
NEDD9	−0.40566	$7.91E^{-06}$	0.000183	3.311021
NFE2L2	0.90388	$2.90E^{-22}$	$4.94E^{-20}$	38.70748

续表

基因名称	logFC	P 值	FDR	得分
NOS1AP	−0.74828	$5.46E^{-08}$	$2.17E^{-06}$	7.964964
NT5E	−0.55848	$1.16E^{-08}$	$5.31E^{-07}$	9.41378
PLD2	0.549999	0.000143	0.002263	0.606654
POLR2A	0.611897	$5.15E^{-07}$	$1.67E^{-05}$	5.866012
POLR2E	0.469134	$1.57E^{-05}$	0.000333	2.669838
POR	1.197264	$5.34E^{-36}$	$1.42E^{-33}$	68.28717
PTPRF	0.639366	$1.77E^{-11}$	$1.17E^{-09}$	15.47942
RBBP8	−0.38942	$6.81E^{-05}$	0.001207	1.297448
SERPINE1	0.399277	$7.83E^{-06}$	0.000182	3.320529
SMAD3	0.42998	$9.64E^{-05}$	0.001624	0.972402
SNRK	0.387346	$5.90E^{-05}$	0.001063	1.431608
SNX7	−0.43596	$1.55E^{-05}$	0.000329	2.681829
SQSTM1	0.464945	$2.06E^{-07}$	$7.34E^{-06}$	6.723025
SRCAP	0.771987	$1.71E^{-09}$	$8.74E^{-08}$	11.20443
SREBF1	0.619251	$2.09E^{-08}$	$9.17E^{-07}$	8.863124
STIP1	0.363492	$8.76E^{-05}$	0.001501	1.061934
TCEA2	1.194078	$3.61E^{-14}$	$3.30E^{-12}$	21.27367
THBS1	−0.39505	$6.42E^{-05}$	0.001146	1.352607
TNFRSF19	1.605388	$3.87E^{-24}$	$7.17E^{-22}$	42.74484
TNIP1	0.426098	$5.49E^{-06}$	0.000132	3.652595
TRAF2	0.633813	$3.70E^{-06}$	$9.50E^{-05}$	4.021662
TRIM31	2.498618	$4.16E^{-28}$	$8.85E^{-26}$	51.29175
UGT1A4	1.295465	$4.81E^{-46}$	$1.81E^{-43}$	89.92115
USP2	1.924259	$1.71E^{-12}$	$1.31E^{-10}$	17.6653
WEE1	−0.71408	$2.69E^{-14}$	$2.51E^{-12}$	21.54881
ZCCHC14	0.544027	$2.04E^{-06}$	$5.69E^{-05}$	4.578528

3）利福平作用于肝脏功能模块富集分析。

如上所述，jActiveModules 的结果与 BioNet 结果重复率达到 92%，所以，我们选用包含更多结点的 BioNet 识别的最大功能子网作为研究对象。排名前 20 的 GO 项目和排名前 10 的 KEGG 生物通路如表 6-4 所示。

表 6-4 功能模块排名前 20 的 GO 项目和排名 10 的 KEGG 生物通路

GO 功能	功能条目	基因数	百分比	P 值	Benjiamini
GOTERM_BP_FAT	调节凋亡	19	22.6	$5.10E^{-07}$	$7.30E^{-04}$
GOTERM_BP_FAT	调控细胞凋亡	19	22.6	$5.90E^{-07}$	$4.20E^{-04}$
GOTERM_BP_FAT	调控细胞死亡	19	22.6	$6.20E^{-07}$	$3.00E^{-04}$
GOTERM_BP_FAT	负调控细胞死亡	13	15.5	$7.90E^{-07}$	$2.80E^{-04}$
GOTERM_BP_FAT	负调控细胞死亡程序	13	15.5	$9.10E^{-07}$	$2.60E^{-04}$
GOTERM_BP_FAT	负调控细胞死亡	13	15.5	$9.40E^{-07}$	$2.20E^{-04}$
GOTERM_BP_FAT	膜组织	13	15.5	$1.70E^{-06}$	$3.50E^{-04}$
GOTERM_BP_FAT	囊泡介导转运	15	17.9	$4.50E^{-06}$	$8.10E^{-04}$
GOTERM_BP_FAT	膜内陷	10	11.9	$4.70E^{-06}$	$7.40E^{-04}$
GOTERM_BP_FAT	内吞作用	10	11.9	$4.70E^{-06}$	$7.40E^{-04}$
GOTERM_BP_FAT	应对缺氧	8	9.5	$1.20E^{-05}$	$1.70E^{-03}$
GOTERM_BP_FAT	对氧含量	8	9.5	$1.60E^{-05}$	$2.10E^{-03}$
GOTERM_BP_FAT	无机物质反应	9	10.7	$2.30E^{-05}$	$2.70E^{-03}$
GOTERM_BP_FAT	抗凋亡	9	10.7	$2.40E^{-05}$	$2.60E^{-03}$
GOTERM_BP_FAT	正调控多细胞生物的过程	9	10.7	$7.90E^{-05}$	$8.00E^{-03}$
GOTERM_BP_FAT	药物代谢过程	4	4.8	$9.80E^{-05}$	$9.20E^{-03}$
GOTERM_BP_FAT	金属离子反应	7	8.3	$9.80E^{-05}$	$8.70E^{-03}$
GOTERM_BP_FAT	吞噬作用	5	6	$1.60E^{-04}$	$1.40E^{-02}$
GOTERM_BP_FAT	有机物质反应	14	16.7	$2.20E^{-04}$	$1.80E^{-02}$
GOTERM_BP_FAT	调节管尺寸	5	6	$2.40E^{-04}$	$1.80E^{-02}$
KEGG_PATHWAY	代谢细胞色素 P450 的外源性物质	6	7.1	$2.00E^{-04}$	$1.70E^{-02}$
KEGG_PATHWAY	视黄醇的新陈代谢	5	6	$1.40E^{-03}$	$6.00E^{-02}$
KEGG_PATHWAY	药物代谢	5	6	$2.40E^{-03}$	$6.70E^{-02}$
KEGG_PATHWAY	亚油酸代谢	3	3.6	$2.70E^{-02}$	$4.50E^{-01}$
KEGG_PATHWAY	癌症通路	8	9.5	$2.90E^{-02}$	$4.00E^{-01}$
KEGG_PATHWAY	粘着斑	6	7.1	$3.70E^{-02}$	$4.10E^{-01}$
KEGG_PATIIWAY	卟啉和叶绿素代谢	3	3.6	$3.70E^{-02}$	$3.70E^{-01}$
KEGG_PATHWAY	小细胞肺癌	4	4.8	$4.20E^{-02}$	$3.70E^{-01}$
KEGG_PATHWAY	ECM-receptor 交互	4	4.8	$4.20E^{-02}$	$3.70E^{-01}$
KEGG_PATHWAY	TGF-beta 信号通路 y	4	4.8	$4.60E^{-02}$	$3.60E^{-01}$

因为我们主要考察利福平药物代谢功能，所以，对于 GO 条目，我们主要考察"代谢"和"药"作为关键字的 GO 条目，而 KEGG 也采用 P 值进行排序，重点考察排名前五的生物通路。利福平调控蛋白质网络最大功能网络富集解析结果如表 6-5 所示。

表 6-5　利福平调控蛋白质网络最大功能网络富集解析结果

DAVID（条目）	基因	P 值
GO：药物反应	ABCB1, UGT1A4, CAV1, CAV2	$3.6E^{-2}$
KEGG：代谢细胞色素 P450 的外源性物质	UGT1A4, ADH6, CYP1A1, CYP2C19, CYP2C9, CYP2E1	$2.0E^{-4}$
KEGG：视黄素代谢	UGT1A4, ADH6, CYP1A1, CYP2C19, CYP2C9	$1.4E^{-3}$
KEGG：药物代谢	UGT1A4, ADH6, CYP2C19, CYP2C9, CYP2E1	$2.4E^{-3}$
KEGG：亚油酸代谢	CYP2C19, CYP2C9, CYP2E1	$2.7E^{-2}$
KEGG：癌症通路	CEBPA, CREBBP, SMAD3, TRAF2, BIRC3, EGLN2, FN1, IKBKG	$2.9E^{-2}$
GO：黏着斑	BIRC3, CAV1, CAV2, FN1, ITGA1, THBS1	$3.7E^{-2}$

结果表明，最大功能模块为 7 个功能富集通路：药物反应、代谢细胞色素 P450 的外源性物质、视黄素代谢、药物代谢、亚油酸代谢、癌症通路和黏着斑。在这些条目中，视黄素代谢、药物代谢、亚油酸代谢包含很多相似基因，因为这三者功能具有一定相似性。更重要的是，这些功能通路与很多之前研究报道的利福平诱导的功能通路是一致的。例如，利福平影响肝脏药物处置和代谢，并且潜在地诱导了药物代谢酶，而且，利福平是一个抑制剂，快速地防止靶向癌症细胞的血管生成和有丝分裂基因。

从表 6-5 可以看出，一共有 19 个基因设计 7 个功能通路。为了进一步分析这些基因和功能通路，我们构建了基于这 19 个基因的最大功能模块扩展子网，子网包含 50 个结点和 53 个相互作用，见图 6-8。

4）关键 miRNA 识别及功能分析。

我们采用 P 值小于 0.05 来筛选差异基因，共取得 20 个差异表达 miRNA，表达水平上调 miRNA 12 个，表达水平下调 miRNA 8 个，见表 6-6。

值得注意的是，UGT1A4、ADH6、CYP1A1、CYP2C19、CYP2C9 和 CYP2E1 与外源性物质代谢、药物代谢、视黄醇代谢，以及亚油酸代谢相关。BIRC3、CAV1、CAV2、FN1、ITGA1 和 THBS1 都与黏着斑、导致反血管增生和抗肿瘤相关。结果表明，利福平通过 UGT1A4、ADH6、CYP1A1、CYP2C19、CYP2C9 和 CYP2E1 诱导药物代谢。另外，结果表明利福平能够通过调控 BIRC3、CAV1、CAV2、FN1、ITGA1 和 THBS1 影响抗血

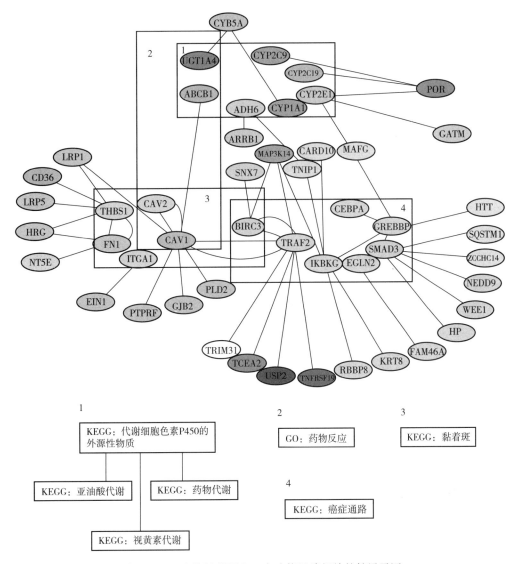

图 6-8　19 个关键基因和 7 个功能通路相关的扩展子网

管生成和抗肿瘤过程。已经有研究表明 UGT1A4、CYP1A1、CYP2C19、CYP2C9 和 CYP2E1 是药物代谢酶，并且 ADH6 调控药物依赖风险。BIRC3 可抑制抵消癌变活动。CAV1 和 CAV2 与肿瘤生长和生成相关。FN1 是一些癌症的潜在标志，ITGA1 和 THBS1 与癌症风险相关。

表 6-6　差异显著 miRNA

上调 miRNA	P 值	下调 miRNA	P 值
miR-886-3p	0.0002	miR-186	0.0018
miR-766	0.0075	miR-320	0.0376
miR-92a	0.0169	miR-361	0.0111

续表

上调 miRNA	P 值	下调 miRNA	P 值
miR-660	0.0297	miR-202	0.0396
miR-638	0.0302	miR-95	0.0219
miR-25	0.0338	miR-200b#	0.0426
miR-107	0.0177	miR-345	0.0239
miR-30d#	0.0195	let-7g	0.0435
miR-335	0.0241		
miR-616	0.0446		
miR-576-3p	0.0453		
miR-218	0.0499		

接下来，我们预测了差异表达 miRNA 的靶基因，得到的 miRNA 调控靶基因对中，我们重点考察包含在最大功能模块中的靶基因及 miRNA 对，共包含 21 个 miRNA 和靶基因对，由此，我们构建了利福平作用于肝脏相关的 miRNA 调控蛋白质网络，如图 6-9 所示，网络具体信息见表 6-7。

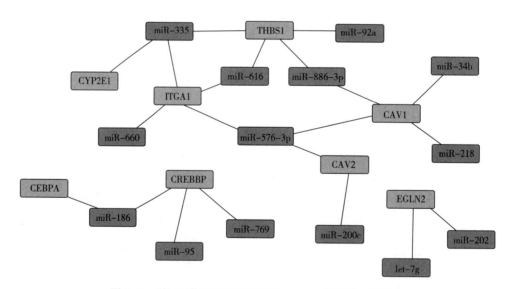

图 6-9　利福平作用于肝脏相关的 miRNA 调控蛋白质网络

表 6-7　miRNA 调控的蛋白质互作网络

基因列表	logFC	miRNA	P 值	阈值
CYP2E1	-1.4341	miR-335	0.0242	1.3300

续表

基因列表	logFC	miRNA	P 值	阈值
CAV1	-0.8518	miR-34b	0.1653	185.3764
		miR-886-3p	0.0001	1.5645
		miR-218	0.0499	1.9012
		miR-576-3p	0.0453	2.1916
CAV2	-0.5386	miR-200c	0.0913	4.8313
		miR-576-3p	0.0453	2.1916
CEBPA	0.5812	miR-186	0.0017	0.8356
CREBBP	0.3821	miR-186	0.0017	0.8356
		miR-95	0.0216	0.6320
		miR-769	0.1249	0.8388
EGLN2	0.4574	miR-202	0.0396	0.5988
		let-7g	0.0435	0.8402
ITGA1	-0.3754	miR-616	0.0446	1.3337
		miR-660	0.0297	1.2642
		miR-576-3p	0.0453	2.1916
		miR-335	0.0242	1.3300
THBS1	-0.3951	miR-886-3p	0.0001	1.5645
		miR-335	0.0242	1.3300
		miR-616	0.0446	1.3337
		miR-92a	0.0169	1.1319

　　我们一共提取了 14 个 miRNA 和 8 个基因，每个基因都被多个 miRNA 所调控。由于 miRNA 通过与靶基因结合或抑制蛋白质翻译来调控靶基因表达，miRNA 调控的蛋白质网络能够揭示 miRNA 调控蛋白质相互作用的新规则。因此，我们识别了 miRNA 的潜在功能，如表 6-8 所示。

表 6-8　miRNA 潜在功能

DAVID（条目）	miRNA
GO：药物反应	miR-34b, miR-886-3p, miR-218, miR-576-3p, miR-200c
KEGG：代谢细胞色素 P450 的外源性物质	miR-335
KEGG：药物代谢	miR-335
KEGG：亚油酸代谢	miR-335
KEGG：癌症通路	miR-186, miR-95, miR-769
黏着斑	miR-34b, miR-886-3p, miR-218, miR-576-3p, miR-200c, miR-616, miR-660, miR-335, miR-92a

如表 6-8 所示，12 个 miRNA 通过调控 8 个基因与 6 个生物通路相关。这些生物通路包括：药物反应、代谢细胞色素 P450 的外源性物质、药物代谢、亚油酸代谢、癌症通路和黏着斑。研究结果建议，miR-335 通过负调控 CYP2E1 影响药物代谢，其中 CYP2E1 为药物代谢酶，大量研究表明它被利福平所影响，因此，我们推测利福平通过改变 miRNA 表达来影响药物代谢酶 CYP2E1 的表达。MiR-186 调控两个基因，分别为 CEBPA 和 CREBBP，这两个基因与癌症通路相关。MiR-186、miR-769、miR-95、miR-202 和 let-7g 也与癌症通路相关。利福平通过调控多个 miRNAs 表达抑制了血管生成和有丝分裂，这些 miRNA 包含：miR-34b、miR-886-3p、miR-218、miR-576-3p、miR-200c、miR-616、miR-660、miR-335 和 miR-92a，再通过这些 miRNA 进一步调控 BIRC3、CAV1、CAV2、FN1、ITGA1 和 THBS1 这些基因的表达。

5）与其他相关算法比较。

Matthew 等人提出的方法首先识别了差异显著 miRNA，然后通过靶基因预测，构建了 miRNA 调控靶基因网络，以腹部主动脉瘤研究为例，识别了 8 个差异显著 miRNA 和其调控的 222 个基因。Liu 等人提出的方法首先选取差异表达 miRNA，然后通过靶基因预测选取靶基因，并构建了 miRNA 与靶基因的共表达网络，对重要 miRNA 和基因节点进行分析识别，从而发现重要生物标志物，该方法以酒精肝为例，发现了 26 个 miRNA 和 878 个差异表达基因，重点分析了共表达网络中 6 个 miRNA 结点和 2 个基因结点。Zhang 等人整合基因表达谱数据和蛋白质网络数据，构建了差异表达基因相关的蛋白质网络，然后采用模块识别算法，识别了重要功能模块和基因，算法以冠状动脉疾病为例，结果识别了 10 个关键模块，包含 4 个与 GO 条目相关基因和 12 个中心结点基因。

本文提出的 miRFun_omi 通过整合基因表达谱数据和蛋白质网络数据获取更多的特定条件相关的分子机制信息，并采用模块提取算法选取差异表达显著模块，然后，通过靶基因预测方法筛选差异显著 miRNA 调控的靶基因，并构建 miRNA 调控的靶基因网络，从而分析 miRNA 功能。可见，我们的方法整合了更多的生物资源，相对于上述算法理论依据更充分，对 miRNA 功能识别准确率更高。

（3）基因诱导的药物基因识别。

整合多组学的 miRNA 功能识别方法是切实可行的，并且我们在利福平作用于肝脏实例的验证下，识别了一系列的重要功能模块、关键基因和 miRNA 的功能，这说明我们的方法具有以下优势。

1）可靠的理论依据。

miRNA 参与了一系列重要的生命过程，包括细胞生长、组织发育、细胞增殖和凋亡等，并且与肿瘤的发生、诊断、治疗和预后密切相关，它调控了人类 60% 的转录过程和超过三分之一的蛋白质基因，我们就是在此理论基础上，提出结合了蛋白质组学、基因组学和 RNA 组学的 miRNA 表达谱、基因表达谱和蛋白质网络整合方法来分析 miRNA 功能。

2）有效的处理方法。

我们提出的 miRFun_omi 方法中采用了 t 检验方法、功能模块识别方法、基因功能富集解析方法和 miRNA 靶基因预测方法等。为了使我们的方法更具有普遍性，功能模块识别采用了基于线性规划算法和模拟退火算法的最大功能模块识别和多模块识别的两种方法，并对结果进行综合考虑；富集解析采用了关键字和 P 值相结合方法，既分析了生物功能又关注了涉及的生命通路；为了防止 miRNA 靶基因预测过程中的假阳性，采取了多预测结果取交集的方法。

3）利福平作用于肝脏组织实例验证。

以利福平作用人体肝脏组织为研究对象，采用 miRFun_omi 方法，我们识别了利福平相关的涉及 84 个基因 89 相互作用关系的功能模块；找到 19 个基因及其相关 7 个生命通路；构建了涉及 14 个 miRNA 的 21 个 miRNA-靶基因对的利福平相关 miRNA 调控蛋白质网络；识别了 12 个 miRNA 通过调控 8 个基因与 6 个生物通路相关。重要的是，我们的识别结果得到大量研究文献的证实。

本章提出了基于蛋白质组学、基因组学和 RNA 组学的 miRNA 功能识别方法。该方法通过整合蛋白质网络、基因表达谱和 miRNA 表达谱构建特定条件下蛋白质网络，并提取了功能模块，通过多生物通路和生物功能相关资源数据库基础上的富集解析，识别了特定状态下关键基因和 miRNA。另外，本节以利福平作用于肝脏组织为研究对象，采用 miRFun_omi 方法分析利福平作用于肝脏引起的一系列生物通路作用，以此识别关键的生物功能模块，并通过对基因富集分析，找出起关键作用的基因和 miRNA。结果发现，有 19 个基因和 7 个关键通路与利福平作用人体肝脏后生命活动相关，7 个功能富集通路为药物反应、代谢细胞色素 P450 的外源性物质、视黄素代谢、药物代谢、亚油酸代谢、癌症通路和黏着斑；并且，通过构建和分析 miRNA 调控的蛋白质网络，我们发现有 12 个 miRNA 通过调控 8 个靶基因参与了利福平作用肝脏的 6 个重要生物通路：药物反应、代谢细胞色素 P450 的外源性物质、药物代谢、亚油酸代谢、癌症通路和黏着斑。我们的结果表明，利福平作用于人体肝脏导致了一系列的 miRNA 和基因表达水平发生改变，进而诱导了多个生物通路。这项研究不仅对利福平作用肝脏涉及的蛋白质网络中的功能模块研究提供了新方法，而且，这种整合了基因表达谱、miRNA 表达谱和蛋白质网络的方法同时对利福平诱导的药物处置方面的研究提供了新思路。

6.5 miRNA 诱导的药物基因识别

上一节提出识别方法是从基因角度出发的 miRNA 功能预测，本节从 miRNA 出发，整合蛋白质网络解析 miRNA 和基因功能。该方法结合 miRNA 和 mRNA 表达谱，从差异表达 miRNA 出发，预测它们的靶基因，筛选 miRNAs 调控的负相关表达基因，整合 PPI 网络构建立利福平相关的 miRNA 调控的负相关表达蛋白质互作网络（miRNA-regulated negative-expressed protein interaction network，MNePIN），通过功能富集分析评估每个潜在功能的基因，预测人体肝脏内利福平调控的 miRNA 的功能，以进一步揭示利福平调控的 miRNA 的功能及其在人肝细胞中的潜在分子机制。技术路线如图 6-10 所示。

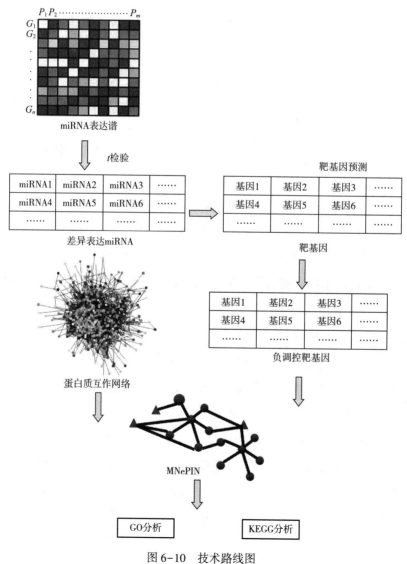

图 6-10　技术路线图

（1）数据处理方法。

miRNA 诱导的整合网络解析的功能基因识别方法如下：

1）对基因表达谱和 miRNA 表达谱采用 Benjamini-Hochberg 校正法计算假发现率（FDR），用不配对的双尾 t 检验计算两组（正常和利福平处理的样本）的每个 miRNA 和每个基因的 P 值。

2）定义 $p<0.01$ 时的 miRNA 有统计学意义，为差异表达 miRNA。利用 BioMart 将基因 Entrez ID 转化为基因 Symbol，采用 RmiR 软件预测差异表达 miRNA 靶基因，使用的靶基因方法包括 Targetscan、miRanda 和 PicTar。

3）人类蛋白参考数据库（HPRD）包含 30047 个蛋白和 41327 个蛋白相互作用，人肝蛋白相互作用网络（HLPN）包含 2582 个与人肝相关的蛋白之间的 3484 个相互作用。本节将整合 HPRD 和 HLPN 的蛋白质整合和相互作用，去除重复，使用 cytoscape version 3.0.2 软件生成蛋白质互作网络。

4）整合 miRNA 差异基因、负调控靶基因和人类蛋白质互作网络共同构建利福平相关蛋白质互作网络，构建利福平相关的 miRNA 调控的负相关表达蛋白质互作网络 MNePIN。

5）利用基因生物解释工具 DAVID 对 MNePIN 的生物学过程和通路进行富集分析。利用 GO 和 KEGG 对重要基因通路进行功能分类，预测功能 miRNA 和靶基因。

（2）数据结果分析。

1）构建 MNePIN。

差异表达的 miRNAs 根据 P 值（$p<0.01$）进行检索。上调和下调的 miRNA 分别通过阈值大于 1（Fold Change>1）和阈值小于 1（Fold Change<1）进行识别，最后识别 20 个 miRNA，其中 12 个 miRNA 表达上调，8 个 miRNA 表达下调（表6-9）。

表 6-9　差异表达 miRNA

miRNA	P 值	阈值	miRNA	P 值	阈值
表达上调的 miRNA					
miR-886-3p	0.00017781	1.56454118	miR-660	0.02971142	1.26423062
miR 766	0.00746736	1.42202073	miR-638	0.0302057	1.67681216
miR-92a	0.01687698	1.13186208	miR-25	0.0337675	1.27581638
miR-107	0.01770697	2.18865184	miR-616	0.04464574	1.33365615
miR-30d#	0.01945112	1.15621932	miR-576-3p	0.04528093	2.19157158
miR-335	0.02415006	1.33006108	miR-218	0.04993545	1.9012223

续表

miRNA	P 值	阈值	miRNA	P 值	阈值
表达下调的 miRNA					
miR-186	0.00177975	0.83561977	miR-320	0.03756323	0.77870999
miR-361	0.01111667	0.7086572	miR-202	0.03960494	0.59880068
miR-95	0.02185477	0.63201986	miR-200b#	0.04256355	0.60539667
miR-345	0.0239214	0.81506025	let-7g	0.04347655	0.84016356

为了预测 20 个 miRNA 的靶基因，我们使用 Pictar、Targetscan 和 miRanda da 方法，不设置任何阈值。20 个 miRNA 的靶基因是三个数据库结果的混合数据集。分析过程中，我们关注基因表达谱中的基因，最后提取了 6211 个基因，通过表达变化度量的倍数变化（fold change）参数筛选每个 miRNA 的负调控靶基因，结果保留 20 个 miRNA 中有 4115 个负相关表达基因。负相关表达基因按照 $P<0.1$ 筛选显著差异基因。

通过合并所有蛋白和相互作用，将 HPRD 和 HLPN 整合，然后去除重复序列。人类蛋白质网络包含 10210 个蛋白质之间的 42521 个相互作用关系。整合 miRNA 差异基因、负调控差异表达靶基因和人类蛋白质互作网络构建的 MNePIN 包含 632 个显著差异表达基因，1187 对 miRNA-基因负相关表达。具体来说，miRNA 调控的蛋白质网络通过选择基因的第一级蛋白节点进行扩展。因此，MNePIN 是由 20 个 miRNA 和 632 个蛋白之间的 11219 个相互作用构建而成。在负相关表达的 1187 对 miRNA 基因中，miR-660 负调控的基因最多（136 个），miR-886 负调控的基因最少（12 个）。

2）富集解析 miRNA 功能。

生物分类工具 DAVID 基于 GO 和 KEGG 对 miRNAs 和 MNePIN 基因的功能分类和信号通路进行描述，采用功能注释聚类提取相关功能，将包含"药物""肝脏""代谢""反应""伤口""刺激"的 Go 术语和 KEGG 通路定义为药物相关功能。与利福平相关的基因和蛋白质的富集生物学过程结果列于表 6-10。

表 6-10　MNePIN 中 miRNA 调控的基因和蛋白富集分析

DAVID	描述	基因	蛋白质	P 值
GO：0009611，损伤反应	一种表明有机体受损的刺激物	22	186	$6.0E^{-26}$
GO：0042060，伤口愈合	恢复受损组织的完整性	7	85	$7.7E^{-18}$
GO：0042493，药物反应	药物刺激的结果	15	77	$1.2E^{-13}$
GO：0006952，防御反应	对异物的出现或受伤的反应	19	143	$4.6E^{-5}$

续表

DAVID	描述	基因	蛋白质	P 值
GO：0006954，炎性反应	对感染或受伤的即时防御反应	16	96	$8.6\mathrm{E}^{-4}$
GO：0001889，肝脏发育	这一过程的具体结果是肝脏随时间的发展	6	21	$5.4\mathrm{E}^{-6}$
KEGG_PATHWAY，药物代谢-P450	药物代谢	6	2	

损伤反应、伤口愈合、药物反应、防御反应、炎症反应、肝脏发育和药物代谢-P450是表 6-10 中确定的 7 种不同功能。利福平相关的 miRNA 和基因列在表 6-11 中。

表 6-11 MNePIN 的 miRNA 和基因

功能	miRNA	基因
损伤反应	miR-107, miR-186, miR-218, miR-576-3p, miR-886-3p, miR-335, miR-616, miR-766	AHSG, IL1RAP, IL1RN, THBS1, F8, IL10RB, IL20RB, SGMS1, P2RX7, CD55, CXCL13, HIF1A, RELA, IGF1, PLSCR4, SLC1A2, TPM1
伤口愈合	Let-7g, miR-107, miR-218, miR-576-3p, miR-766, miR-886-3p	HBEGF, SYT7, PLSCR4, TPM1, IGF1, F8
药物反应	miR-218, miR-766, miR-886-3p, miR-660, miR-576-3p	ABAT, CAV1, SLC1A2, BCHE, CAV2, HMGCS1, PLIN2, PPARG, P2RX7
防御反应	miR-576-3p, miR-335, miR-186, miR-886-3p	CD55, CXCL13, HIF1A, RELA, AHSG, IL1RAP, IL1RN, THBS1, F8, IL10RB, IL20RB, SGMS1, PPARG, P2RX7
炎症反应	miR-576-3p, miR-335, miR-186	CD55, CXCL13, HIF1A, RELA, AHSG, IL1RAP, IL1RN, THBS1, F8, IL10RB, IL20RB, SGMS1
肝脏发育	miR-107, miR-186	ONECUT2, ARF6, SP3, TGFBR3, CEBPA, RELA
药物代谢-P450	miR-107, miR-335, miR-186	ADH1B, CYP3A5

表 6-11 中共鉴定出 33 个不同的利福平相关基因，其中 P450 和 CYP3A5 在药物代谢中有重要作用，SP3、ARF6、CEBPA、RELA 与肝脏发育有关。此外，CXCL13 和 RELA 也曾被报道为炎症标志物。

靶向 33 个基因的 10 个利福平相关 miRNA 如下：miR-107、miR-186、miR-218、miR-576-3p、miR-886-3p、miR-335、miR-616、miR-766、miR-218 和 Let-7g。既往研究报道利福平可诱导基因和 miRNA 表达变化。这些结果表明，miR-107、miR-186、miR-218、miR-576-3p、miR-886-3p、miR-335、miR-616 和 miR-766 通过调控基因的直接或间接机制影响损伤反应。此外，let-7g、miR-107、miR-218、miR-576-3p、miR-

799 和 miR-886-3p 诱导的 6 个基因与伤口愈合相关，miR-218、miR-766、miR-886-3p、miR-660 和 miR-576-3p 在药物反应中富集，miR-107 和 miR-186 是参与肝脏发育的候选者。同样，miR-107、miR-335 和 miR-186 也被认为通过调控 ADH1B 和 CYP3A5 与药物代谢相关。

3）利福平相关 miRNA 和负调控基因分析。

为了揭示利福平相关的 miRNA 和基因，我们构建了 miRNA-负相关表达基因网络（图 6-11）。

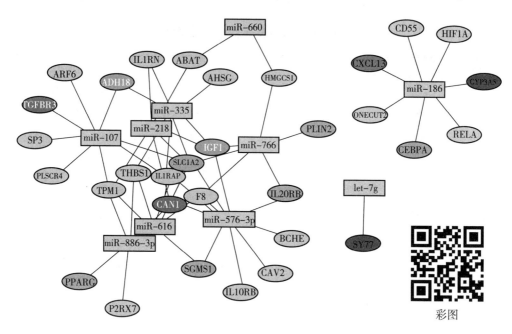

图 6-11　关键 miRNA-基因负相关表达网络

注　黄色和灰色矩形分别代表下调和上调的 miRNA。圆圈表示 miRNA 调控的基因，用颜色表示调控关系，红色表示上调基因，绿色表示下调基因。颜色的深度表示折叠变化的大小。

其中有 10 个 miRNA 负调控 33 个基因，网络中有 62 对 miRNA-基因。为了关注利福平相关的 miRNA，miR-576-30 被指定为该网络中最重要的 11 个基因之一，并被建议参与创伤反应、伤口愈合、药物反应、防御反应和炎症反应。miR-186 负调控包括 CYP3A5 在内的 7 个基因，提示 miR-186 与药物代谢过程相关。虽然 miR-335 对 CYP3A5 没有负向调控，但对 ADH1B 有负向调控，与药物代谢相关。

这 33 个基因通过蛋白质直接或间接地发挥作用。ADH1B、IGF1、CAV1 和 SGMS1 的数量变化显著，且受多个 miRNA 调控，CYP3A5 是参与药物代谢并差异表达的重要基因。这些结果表明，这 5 个基因在利福平诱导的生物过程中具有重要的功能。

在本节中，我们提取显著差异表达的 miRNA，预测 miRNA 调控的负相关表达靶基因

（MCeTG），通过扩展蛋白相互作用网络，构建了一个 miRNA 调控的负相关表达蛋白相互作用网络（MNePIN）。通过 GO 分析和 KEGG 通路富集分析挖掘 miRNA 功能，我们共鉴定出 20 个差异显著 miRNA，预测出 632 个 miRNA 调控基因。最后识别的 10 个 miRNA 及 33 个基因证实其与损伤反应、伤口愈合、药物反应、防御反应、炎症反应、肝脏发育和药物代谢 7 种功能相关。本研究为利福平对 miRNA、基因和蛋白质水平的影响提供了有价值的见解。

　　另一角度，为了解利福平诱导的差异表达 miRNA 及其功能，整合 miRNA 和基因谱，识别显著差异表达 miRNA 和 miRNA 负调控基因，我们利用蛋白质网络进一步构建 miRNA 调控的负相关表达蛋白相互作用网络，并通过 GO 分析和 KEGG 通路富集，提取了 7 个功能。总的来说，结果表明利福平有助于改变多个 miRNA 的表达，这为 miRNA 在利福平诱导的人肝细胞生物学过程中发挥重要调控作用提供了证据。

第 7 章

人工智能助力药物生产

参与人工智能制药领域的主要有人工智能制药初创公司、互联网头部公司以及大型制药企业。人工智能制药初创公司具有自研新药管线或者药物发现平台，由于自研管线后期的临床试验成本较高，风险较大，更多的人工智能制药初创公司选择利用自身技术优势提供 CRO 服务。互联网巨头利用其在人工智能领域的优势，也在加速布局人工智能制药产业，目前国内互联网头部企业华为、百度、腾讯等都在积极布局人工智能制药赛道，并建立了各自的药物研发平台。传统的大型制药企业则是通过自建团队或者寻求与人工智能制药企业或互联网公司的合作进行人工智能药物研发。根据 Deep Pharma Intelligence 的统计数据，在 44 家世界头部传统药企中，已有 93% 的药企完成与人工智能制药企业的合作布局。近年来人工智能制药领域日益受到资本市场青睐，根据 Research And Markets 的数据，2022 年全球人工智能制药市场规模为 10.4 亿美元，预计到 2026 年市场规模将达到 29.94 亿美元。目前从人工智能制药市场规模来看，美国具有绝对的领先优势，近年来国内人工智能制药也实现了快速增长，英矽智能、晶泰科技等公司均获得了大额融资与合作资本加持，目前有多个人工智能新药管线已经进入临床试验阶段（表 7-1）。

表 7-1 处于临床试验阶段的人工智能新药

公司	靶点	适应症	化合物	开发状态
BenevolentAI	Trk	特应性皮炎	BEN-2293	阶段 2
Exscientia	A2AR	实体瘤	EXS-21546	阶段 1
	5-HT1A	强迫症	DSP-1181	阶段 1
	5-HT1A/2A	阿尔兹海默症	DSP-0038	阶段 1
	PKC-θ	炎症	EXS4318	阶段 1/2
Insilico Medicine	Target X	特发性肺纤维化	INS018-055	阶段 2
	3CLPro	COVID-19	ISM3312	阶段 1
	USP1	乳腺癌	ISM3091	阶段 1
Nimbus Therapeutics	ACC	非酒精性脂肪肝	NDI-010976/GS-0976	阶段 2
Pharos iBio	FLT3	急性髓性白血病 卵巢癌 三阴性乳腺癌	PHI-101	阶段 1

续表

公司	靶点	适应症	化合物	开发状态
Recursion Pharmaceuticals	CCM2	脑海绵状血管瘤	REC-994	阶段 2
	HDAC	神经纤维瘤病Ⅱ型	REC-2282	阶段 2/3
	MEK1/2	家族性腺瘤性息肉病	REC-4881	阶段 2
Relay Therapeutics	SHP2	实体瘤	RLY-1971/RG-6433	阶段 1
	FGFR2	FGFR2-介导肿瘤　胆管癌　晚期实体瘤	RLY-4008	阶段 1/2
	PI3Kα	实体瘤	RLY-2608	阶段 1
Schrödinger	MALT1	非霍奇金淋巴瘤	SGR-1505	阶段 1
Structure Therapeutics	GLP1R	Ⅱ型糖尿病　肥胖	GSBR-1290	阶段 1
	APLNR	肺动脉高压　特发性肺纤维化	ANPA-0073	阶段 1
Valo Health	S1P1	心肌梗死　急性肾损伤	OPL-0301	阶段 2
	ROCK1/2	糖尿病性视网膜病变　糖尿病的并发症	OPL-0401	阶段 2

资料来源：F. Pun，I. Ozerov，A. Zhavoronkov. AI-powered therapeutic target discovery ［J］. Trends in Pharmacological Sciences，2023，44（9），561-572.

7.1　人工智能制药产业的挑战和风险

数据制约：人工智能制药需要海量数据的支撑，才能实现模型的训练，并提高模型的准确性，目前数据的来源主要依靠科研基金、出版物等公开数据，由于数据来源比较复杂，数据质量参差不齐，对于这些数据的有效性和规范性的筛选整合需要花费大量的精力。计算机科学是较为共享与开放的，而生物医药领域则较为注重保密，所以人工智能制药本身就是一个矛盾复合体。由于制药行业相对封闭，很多制药企业虽然掌握着核心数据，但是出于知识产权保护方面的考量，并不会轻易公开核心数据。

缺乏专业人才：人工智能制药是信息科技与生物医药的高度融合，从事人工智能制药工作的研究人员既需要具备人工智能相关的技术手段，同时还需具备药物研发过程中所涉及的生物学、医学和化学等相关知识积累。这种复合型人才目前来说是极度缺乏的，并且培养难度大，目前国内高校也没有开设相关专业以很好地支撑此类复合型人才的培养。

新药研发的不确定性：新药研发是一项漫长并且花费巨大的工程，人工智能制药目前已经展现了巨大的发展潜力，但是其安全性、预期效果以及是否能达到传统药物的监管标准仍然存在一定的质疑。目前虽然多个人工智能药物管线已经进入临床试验阶段，但是仍然缺少上市的人工智能药物来进一步验证人工智能制药的可靠性。

7.2 人工智能药物生产的发展

智能制造目前尚无统一的定义，国家工信部和国家标准化管理委员会 2015 年 10 月正式发布《国家智能制造标准体系建设指南》（征求意见稿）对"智能制造"所作的定义如下："智能制造是指将物联网、大数据、云计算等新一代信息技术与设计、生产、管理、服务等制造活动的各个环节融合，具有信息深度自感知、智慧优化自决策、精准控制自执行等功能的先进制造过程、系统与模式的总称。"工业 4.0 是指第四次工业革命，它汇聚了物联网、人工智能、机器人和先进计算等快速发展的技术，极大地改变了制造业的格局。工业 4.0 环境中集成的自主和机器人系统将工业生产流程的在线数据和人工智能融合，以优化制造过程和企业管理。《"十四五"医药工业发展规划》提出，要深入实施智能制造、绿色制造和质量提升行动，提高药品、医疗器械全生命周期质量管理水平和产品品质，推动医药工业高端化、智能化和绿色化发展。因此制药工业智能制造备受关注，制药 4.0 的概念也越来越多被提及。其实制药 4.0 可以理解为第四次工业革命在制药行业的应用，它将物联网、人工智能、机器人技术和先进计算等快速发展的技术结合起来，从而彻底改变制药行业的格局。制药 4.0 通过数字化、自动化和智能化的生产系统，实现制药生产的高效、灵活、质量可控和可持续发展。

（1）制药工业智能制造的系统构架。

由于目前国内制药工业的智能制造仍处于发展阶段，根据工信部产业发展促进中心、中国医药企业管理协会联合编制的《中国制药工业智能制造白皮书（2020 年版）》，制药工业智能制造的主要目标是，按照相关法规要求，实现生产记录和管控流程的电子化和系统化，确保生产全过程的合规性和信息透明化，提高生产质量管控水平，降低人为因素引起的合规性风险，从而提高产品质量、降低成本。生产系统应该以生产质量管理规范（GMP）要求为标准，通过业务全程管控等手段，实现自动化与信息化的协同，优化关键业务间的交互融合，实现业务一体化，优化整体业务协同能力。

制药工业智能制造总体系统架构可以分为设备层、控制层、业务管理层和运营管理层（图 7-1）。设备层主要为物理基础设施，可通过可编程逻辑控制器（PLC）、过程管理系统（PCS）采集和管理设备以及传感器产生的数据，实现各类数据的完整记录。控制层主要由数据采集及监控系统（SCADA）和自动化控制系统构成，为生产系统提供数据采集及报警监控的一体化平台，实现全车间生产设备的数据采集、存储及流程运行监控。业务管理层主要面向生产过程，覆盖生产运行与管理、设备管理、仓储管理、质量保证和质量控制、能源管理等方面的业务，实现生产的集成化和智能化。运营管理层覆盖公司的产供销以及供应链业务，实现经营管控一体化，并且通过信息技术与制造管理技术深度融合，汇聚各个业务系统的数据，利用大数据分析技术实现分析决策的智能化。

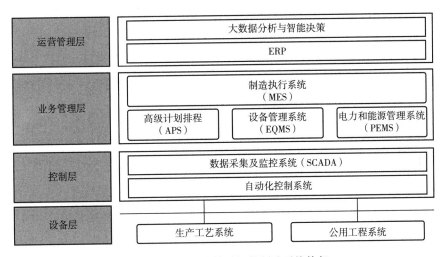

图 7-1　生产制造体系智能制造系统构架

资料来源：工业和信息化部产业发展促进中心和中国医药企业管理协会。

（2）人工智能在药物生产过程中的应用场景。

优化工艺设计和放大：机器学习等人工智能手段可以通过对过程开发数据的分析和处理从而更快地确定最佳处理参数或放大过程，减少开发时间。例如利用人工智能可以帮助化学药物的合成路线设计、反应条件推荐等，并且在工艺放大过程中，通过实时模拟预测反应进程，对反应工艺参数进行调整，以提高反应收率或者排除反应过程中的安全隐患。

过程控制：在配方驱动的生产过程中，可以利用 MES 系统对生产过程的重点参数进行监控，确保生产过程按既定的工艺流程作业，与此同时还能实现生产过程质量控制的实时检测，代替传统的实验室离线检测模式，进一步提高产品生产效率。先进过程控制（APC）可以对制造过程进行动态控制，从而建立基于工艺模型的多变量参数预测或监控模型，还可以将人工智能与实时传感器数据相结合，从而实现精准的过程控制。APC 方法结合人工智能和对制造过程中发生的化学、物理和生物转化的理解，将更广泛地应用于药物的智能制造。

过程监控和故障检测：人工智能方法可用于监控设备和监测正常运行过程中的数据变化，从而判断是否需要开展设备维护，减少生产过程的停机时间。利用过程分析技术

（PAT）可以实现生产过程的自动取样检测，实现对产品关键参数的实时监测。视觉识别技术的应用还可以对生产过程中操作人员的行为规范进行管理，发现不合规的操作及时进行预警和提醒，以确保生产过程符合操作规范，此外视觉识别技术还可以用于产品的质量检测。

（3）我国制药行业智能制造的发展现状。

制药工业智能制造的发展基础相对薄弱，整个行业的自动化和信息化水平较低。目前在制药行业中，虽然机械化水平较高，也不缺少自动化控制系统的应用，但是往往这种自动化只能局限于生产流程的局部单元。虽然在制剂阶段设备自动化程度会相对高一些，但是往往是比较封闭的，无法实现内部数据的向外传输，同样也无法利用外部的系统实现设备的控制。这些系统和设备之间大部分无法实现系统化的集成，也就导致了整个生产过程的孤立，无法实现端到端的连续生产过程。目前在药品生产过程中所涉及的物料的转运和投放大部分仍然依靠人力完成，使整个生产过程中存在许多信息化的孤岛。目前大多数药企都有一定的信息化建设基础，例如办公自动化系统（OA）、企业资源管理系统（ERP）、财务及成本管理（FCM）和生产执行系统（MES）等在制药企业中已经被较广泛的使用，但是制药企业的整体信息化建设方面仍较为薄弱，各个企业在信息化建设的水平上参差不齐，并且这些系统主要还是用于企业的日常管理和办公，缺少与产品生产过程的深度融合。此外，目前制药企业对于连续制造、过程分析技术、数字孪生、电子批记录、物联网、大数据、云计算等人工智能相关新技术的使用仍处于探索阶段。

在国家政策和法规以及制药企业提升生产效率的需求下，制药行业智能制造迎来了发展机遇。工信部关于"十三五"《医药工业发展规划指南》中提出："到2020年，医药生产过程自动化、信息化水平显著提升，大型企业关键工艺过程基本实现自动化，制造执行系统（MES）使用率达到30%以上，建成一批智能制造示范车间"。2015年"中国制造2025"战略被首次提出，作为制造业的重要组成部分，制药企业必须重视药品制造的智能化、信息化和可追溯性。近年来，对于药品监管的力度越来越大，2021年《"十四五"国家药品安全及促进高质量发展规划》正式发布，全面加强药品全生命周期监管。随着质量监管要求的不断提升，制药企业需要不断提升和健全自身质量体系，提高产品质量，对于药品智能制造的需求也是迫在眉睫。此外，对于疫苗生产企业，信息化建设已经成为了强制要求，GMP《生物制品》附录第59条规定疫苗生产企业应采用信息化手段如实记录生产、检验过程中形成的所有数据，确保生产全过程持续符合法定要求。对于人工操作（包括人工操作、观察及记录等）步骤，应将该过程形成的数据及时录入相关信息化系统或转化为电子数据，确保相关数据的真实、完整和可追溯。从这一点也可以预见，今后对于制药企业的信息化建设要求会越来越普遍。药品上市许可持有人制度和集中采购制度加大了目前制药企业间的竞争力度，企业提升生产效率的需求日益凸显，进一步提升了企业推动智能化转型的内在动力。

对于我国制药工业来说，实现智能制造的关键是要打好两个基础：从下提升制药生产底层制药装备和制药过程的自动化、数字化与网络化的水平，建立所谓的信息物理系统CPS 的智能化物理基础；从上充分采用工业互联网、物联网、工业大数据、云计算等新一代的信息化技术，建立以这些技术为基础的数据中心和支撑服务平台，以达到实现智能决策、优化管理、协同发展和服务的目的。

随着"中国制造 2025"战略和"工业 4.0"的推进，以及人工智能相关技术的不断完善，加上法规政策的压力，国内制药企业顺应趋势，积极尝试智能化转型。同时政府相关部门也高度重视并积极推动制药行业的智能制造，工业和信息化部产业发展促进中心和中国医药企业管理协会等相关部门发布了《中国制药工业智能制造白皮书（2020 年版）》和《制药企业智能制造典型场景指南（2022 版）》，助力制药企业推进智能制造。